国家自然科学基金项目（52074106）
河南省高等学校重点科研计划项目(19A440003)
河南理工大学博士基金项目(B2019-56)

松软煤层抽采钻孔
变形失稳特性及其影响机制

张学博　著

中国矿业大学出版社
·徐州·

内 容 提 要

本书综合运用理论分析、物理模拟、数值分析、现场应用等研究手段,详细阐述了松软煤层抽采钻孔变形失稳特性及其影响机制,主要内容包括松软煤层抽采钻孔变形失稳理论研究,松软煤层含瓦斯煤样力学失稳、渗透及声发射特性研究,松软煤层抽采钻孔变形失稳影响因素研究,松软煤层抽采钻孔变形失稳特性及失稳模式研究,考虑钻孔变形的负压损失计算方法研究,松软煤层钻孔变形失稳对瓦斯抽采的影响机制研究,松软煤层抽采钻孔失稳坍塌区域判定及防护技术应用等。全书内容丰富、层次清晰、图文并茂、论述有据,具前瞻性、先进性和实用性。

本书可供安全工程及相关专业的科研与工程技术人员参考。

图书在版编目(C I P)数据

松软煤层抽采钻孔变形失稳特性及其影响机制/张
学博著. －徐州:中国矿业大学出版社,2023.1
　ISBN 978 - 7 - 5646 - 5475 - 7

Ⅰ. ①松… Ⅱ. ①张… Ⅲ. ①软煤层－钻孔－变形－
研究　Ⅳ. ①TD823.2

中国版本图书馆 CIP 数据核字(2022)第 122113 号

书　　名	松软煤层抽采钻孔变形失稳特性及其影响机制
著　　者	张学博
责任编辑	王美柱
出版发行	中国矿业大学出版社有限责任公司
	(江苏省徐州市解放南路　邮编 221008)
营销热线	(0516)83884103　83885105
出版服务	(0516)83995789　83884920
网　　址	http://www.cumtp.com　E-mail:cumtpvip@cumtp.com
印　　刷	苏州市古得堡数码印刷有限公司
开　　本	787 mm×1092 mm　1/16　**印张** 9.75　**字数** 249 千字
版次印次	2023 年 1 月第 1 版　2023 年 1 月第 1 次印刷
定　　价	42.00 元

(图书出现印装质量问题,本社负责调换)

前　言

　　煤炭是我国保障能源供应的基础能源。2021 年我国原煤产量 40.7 亿吨，位居世界第一，比我国原最高原煤产量增加 9 600 万吨，创历史新高。煤炭工业的健康、稳定、持续发展是关系国家能源安全的重大问题。瓦斯灾害是严重威胁我国煤矿安全生产的重要灾害之一，是我国煤矿企业安全稳定发展中急需解决的重大问题，对我国经济与社会的稳定发展造成了极大的影响。

　　钻孔瓦斯抽采是防治矿井瓦斯灾害事故的最重要措施。我国含松软煤层的煤矿数量非常庞大。松软煤层具有力学强度低、瓦斯解吸速度快、煤层厚度变化较大的特征，长期以来，受松软煤层透气性差和钻孔成孔难、稳定性差等因素的影响，松软突出煤层瓦斯治理难度大，煤矿瓦斯事故的致死率居高不下。因此，解决松软煤层抽采钻孔失稳坍塌问题、提高瓦斯抽采效率至关重要。

　　作者多年来一直从事矿井瓦斯防治的研究工作，在松软煤层抽采钻孔变形失稳特性及探测防护技术方面取得了一些研究成果，在此基础上撰写了本书。本书共由 8 章组成，分析了松软煤层抽采钻孔变形失稳机理，研究了松软煤层抽采钻孔动态变形失稳特性，提出了松软煤层抽采钻孔变形失稳模式；测试分析了钻孔不同变形失稳情况下抽采负压及流量分布规律，提出了考虑钻孔变形的负压损失计算方法；构建了综合考虑钻孔变形失稳、煤层瓦斯运移及钻孔抽采负压动态变化的耦合数学模型，综合分析了钻孔变形失稳对钻孔抽采压力分布、瓦斯抽采流量、煤层瓦斯分布及有效抽采半径的影响；提出了松软煤层抽采钻孔失稳坍塌区域综合判定方法及钻孔变形失稳防护技术选用方法，并在现场进行了应用。

　　作者多年来的科研工作得到了高建良教授、杨明教授等的悉心指导和帮助，衷心向他们表示感谢！感谢国家自然科学基金项目（52074106）、河南省高等学校重点科研计划项目（19A440003）、河南理工大学博士基金项目（B2019-56）的资助！

　　由于作者水平所限，书中疏漏和不当之处在所难免，敬请读者批评指正。

著　者
2022 年 12 月于河南理工大学

目　　录

1　引　言

1.1　研究背景及意义

煤炭是我国主要能源[1],2010—2020 年间,我国煤炭产量较为波动,从 34.28 亿吨增长至 38.4 亿吨[2-4];2021 年我国原煤产量高达 40.7 亿吨,位居世界第一,比我国原最高原煤产量增加 9 600 万吨,创历史新高。在可预见的几十年内,我国以煤炭为主的能源结构将很难改变。

受煤炭资源条件的限制,我国约 80% 的煤炭生产是地下作业,瓦斯灾害是严重威胁我国煤矿安全生产的重要灾害之一。长期以来,矿井瓦斯灾害事故发生频率和致死率居高不下;特别是以瓦斯爆炸和瓦斯突出为首的各种灾害始终是严重影响煤矿安全生产的主要因素,是我国煤矿企业安全稳定发展中急需解决的重大问题[5-6],对我国经济与社会的稳定发展造成了极大的影响。钻孔瓦斯抽采是防治矿井瓦斯灾害事故的最重要措施。我国政府和煤矿企业对瓦斯抽采防治瓦斯灾害极为重视,在《国家中长期科学和技术发展规划纲要(2006—2020)》[7]、《煤层气(煤矿瓦斯)开发利用"十一五"规划》[8]和《河南省中长期科学和技术发展规划纲要(2006—2020)》[9]中均将瓦斯治理尤其是钻孔瓦斯抽采列为重点研究的领域;煤矿瓦斯治理十二字方针"先抽后采,以风定产,监测监控"[10]及煤矿瓦斯治理十六字工作体系"通风可靠,抽采达标,监控有效,管理到位"[11]先后被原国家安全生产监督管理总局和原国家煤矿安全监察局提出。

松软煤层又称为构造煤层,一般指煤的坚固性系数 f 值小于 1 的煤层,其是地质构造的产物,常与褶曲、断层、产状变化带、煤层厚度变化带等有共生关系。也有学者考虑 $f \leqslant 0.8$ 的煤层就可能具有突出危险性,将 $f \leqslant 0.8$ 的煤层称为松软煤层。我国含松软煤层的煤矿数量非常庞大。松软煤层具有力学强度低、瓦斯解吸速度快、煤层厚度变化较大的特征。在松软煤层中施工抽采钻孔时,经常出现顶钻、喷孔、卡钻、夹钻、响煤炮等动力现象,还会经常出现大范围塌孔,形成钻穴[12],严重制约着钻孔的施工长度;钻孔施工完毕成孔后,由于松软煤体强度低、抗破坏能力差,在地应力及附加应力联合作用下钻孔周围煤体易发生失稳、坍塌;此外,受松软煤体蠕变变形特性影响,钻孔孔径还会不断收缩甚至闭合[13],从而造成钻孔有效抽采长度缩短、瓦斯抽采效率低。长期以来,受松软煤层透气性差和钻孔成孔难、稳定性差等因素的影响,松软突出煤层瓦斯治理难度大,煤矿瓦斯事故的致死率居高不下。

近年来,澳大利亚深孔定向千米钻机、高负压水环式真空泵等大功率钻探设备和抽采设备相继在山西亚美大宁能源有限公司[14]、晋城煤业集团寺河矿等成功应用,高负压(可达 70 kPa)、大流量(1 200 m³/min)、长钻孔(1 000 m 以上)的抽采设备实现了本煤层大面积预抽,密集钻孔、交叉钻孔、水平钻孔抽采技术得到了推广,抽采钻孔长度、孔口负压和钻孔密度均得到了显著提升。松软煤层筛管护孔技术及装备的研发,有效提高了松软煤层成孔率、钻孔有效抽采长度及瓦斯抽采效果。

尽管如此,部分煤与瓦斯突出矿井在消突评价达标后仍发生了突出等动力现象,造成了巨大的人力损失和物力损失。究其原因,有些学者认为是煤层瓦斯含量测试方法和手段不完善导致瓦斯含量测试结果不准确[15],并提出了冷冻取芯瓦斯含量测定方法[16]和负压排渣定点取样瓦斯含量测定方法[17],这对提高瓦斯含量测试精度有着重要的指导意义;也有学者认为是钻孔变形失稳坍塌导致钻孔负压损失较大影响了瓦斯抽采效果,孔口和失稳段瓦斯抽采效果差异巨大,煤层中部分区域存在空白带,抽采未达标[18]。钻孔失稳坍塌对周围煤层瓦斯分布有多大影响?钻孔失稳坍塌至何种程度时才会使周围煤层出现空白带?如何消除煤层空白带?这些问题尚无人进行研究。

煤层瓦斯分布情况与钻孔瓦斯抽采效果有直接关系,而钻孔瓦斯抽采效果主要与抽采负压、孔径和煤层渗透性有关。要想研究上述问题,就需要研究钻孔变形失稳对抽采负压、孔径和煤层渗透性的影响。钻孔的变形、失稳、坍塌等现象皆可归结为钻孔周围含瓦斯煤体的应力场与流场再分配而引起的动力失稳问题[19],即钻孔孔壁失稳破坏。钻孔孔壁失稳破坏过程中,钻孔破坏方式如何?孔径、断面如何变化?周围煤体渗透特性如何变化、变化多大?钻孔孔壁失稳破坏对孔内抽采负压分布、瓦斯抽采流量、有效抽采半径及周围煤层瓦斯分布有多大影响?现场如何判定钻孔失稳坍塌区域?不同失稳情况下该选用何种钻孔防护技术以保证瓦斯抽采效果、避免空白带出现?这些问题还需要深入系统研究。

本书针对以上存在的问题,研究松软煤层瓦斯抽采钻孔的变形破坏机理,分析松软煤层抽采钻孔变形失稳特性及失稳模式,研究松软煤层抽采钻孔变形失稳对抽采负压分布、瓦斯抽采流量、有效抽采半径及瓦斯抽采效果的影响,进而提出松软煤层钻孔失稳坍塌区域综合判定方法及钻孔变形失稳防护技术选用方法,这对解决松软煤层钻孔失稳坍塌问题、有效提高瓦斯抽采效果及抽采达标率、防治煤与瓦斯突出有着重要的理论指导意义。

1.2 国内外研究现状及发展动态分析

钻孔瓦斯抽采是一个瓦斯吸附/解吸、渗流与煤体变形等动态耦合的过程。研究钻孔变形失稳对瓦斯抽采的影响,既要研究钻孔周围煤层瓦斯运移规律及煤层变形特征,也要研究孔内抽采负压分布及变化规律,同时还要考虑煤层及钻孔内瓦斯流动和煤层变形的相互影响,即要考虑煤岩体内应力场、渗流场等之间的耦合作用。

1.2.1 钻孔瓦斯抽采流动理论研究现状及发展动态

国内外学者对钻孔瓦斯抽采流动理论的研究主要分以下几个流派:渗流理论流派、扩散理论流派、扩散-渗流理论流派、多场耦合理论流派等。

(1)渗流理论流派

著名的达西定律于1856年由法国学者 H. Darcy 提出[20-21];苏联学者 P. M. 克里切夫斯基等开创性运用达西定律研究了煤层内瓦斯的渗流。周世宁等[22-23]把多孔介质的煤层视为均匀分布的连续介质,在国内首次提出了基于达西定律的线性瓦斯渗流理论。郭勇义等[24]基于六点格式差分方法得到了一维瓦斯流动方程的完全解。谭学术等[25]对矿井煤层真实瓦斯渗流的方程进行了分析研究。余楚新等[26]认为煤层中只有可解吸的部分瓦斯参与渗流流动,且假设瓦斯吸附、解吸完全可逆,建立了描述煤层瓦斯流动的渗流控制方程。孙培德等[27-29]在修正的煤层瓦斯线性流动数学模型基础上提出了煤层透气性系数计算的新方法。李英俊等[30]分析了煤层瓦斯压力分布规律。魏晓林[31]基于有限差分法模拟分析了煤层瓦斯压力分布以及流量变化规律。余楚新等[32]基于有限元法和边界单元法成功模拟了瓦斯渗流流动过程。李云浩等[33]建立了煤层瓦斯单向流动的动力学模型,并进行了数值模拟,对煤壁瓦斯涌出量进行了预测。

1984 年,日本学者樋口澄志通过渗透实验得到达西定律只适用于非压缩性流体,幂定律才适用于煤层瓦斯流动的结论。孙培德[34]基于幂定律首次建立了煤层中可压缩性瓦斯气体的非线性流动模型,并认为非线性瓦斯流动模型更符合描述实际煤层的瓦斯流动规律。刘明举[35]指出孙培德论文中模型和无量纲化处理等方面都存在错误,并推导出了基于幂定律的一维瓦斯流动模型。罗新荣[36]、肖晓春等[37]建立了煤层瓦斯运移物理模型并进行了理论分析,通过实验研究建立了考虑克林肯贝格效应的非线性瓦斯渗流数学模型。

（2）扩散理论流派

A. Fick 提出了稳态条件下的菲克第一定律[20]和非稳态条件下的菲克第二定律。后来,有学者将菲克第一定律、菲克第二定律成功应用到煤屑瓦斯扩散过程分析中。有关煤屑中瓦斯扩散的理论在欧美国家研究较多[38-41],而在我国研究较少。L. N. Germanovich 基于扩散理论研究了煤层吸附瓦斯的解吸过程,他认为煤层中瓦斯首先从无裂隙的煤体中扩散到周围的裂隙中,然后从裂隙中以渗流形式流到矿井的工作空间。杨其銮等[42]将瓦斯从煤屑中涌出看作气体在多孔介质中的扩散过程,并通过理论探讨和实测对比分析研究了煤屑中瓦斯气体的扩散规律。聂百胜等[43]根据煤体实际结构特点,分析了瓦斯在煤孔隙中的扩散机理及扩散模式。吴世跃等[44]研究了煤粒瓦斯扩散规律及扩散系数的测定方法。张志刚[45]分析了煤粒瓦斯扩散系数的变化机理,结合实验结果提出了基于时变扩散系数的瓦斯扩散数学计算模型,并推导出了该计算模型的解析解。

（3）扩散-渗流理论流派

瓦斯扩散-渗流理论流派认为煤层瓦斯的流动是渗流和扩散并存的混合流动。周世宁院士[46]指出瓦斯气体在煤层裂隙、大孔隙中的流动过程可以用达西定律描述;瓦斯气体在煤层微孔隙中的流动可以用菲克扩散定律描述,并基于此定律建立了煤层瓦斯的扩散-渗流流动模型。法国学者 A. Saghfi 和澳大利亚学者 R. J. Willams[47]认为,游离瓦斯沿着煤层中相互沟通的裂隙网络流向低压工作面;与此同时,煤体内部吸附瓦斯先解吸然后向裂隙中扩散,煤层渗透率和多孔介质的扩散系数共同决定着瓦斯的流动状态;基于此理论提出了变透气系数的瓦斯渗流-扩散数学模型,并通过数值模拟发现模拟结果与实际情况比较一致。段三明等[48]基于扩散、渗流理论建立了煤层瓦斯扩散-渗流数学模型并进行了数值模拟研究。

（4）多场耦合理论流派

随着对瓦斯流动理论的不断深入研究,越来越多的学者认识到了应力场、温度场及地电场等对瓦斯流场的影响,围绕不同因素影响下的煤岩体渗透率计算及达西定律的修正,不断完善了多场耦合作用下的煤层瓦斯流动模型及计算机数值模拟方法。

J. K. Gawuga[49]、V. V. Khodot[50]、S. Harpalani[51]实验研究了含瓦斯煤样的力学特性

及瓦斯渗流与煤岩体间的气-固力学效应。L. Paterson[52]、J. Litwiniszyn[53]、S. Valliappan 等[54]、C. B. Zhao 等[55]从多个角度研究了煤岩体与瓦斯气体耦合作用下煤层瓦斯运移规律。W. H. Somerton 等[56]实验研究了含裂纹煤体在三轴应力作用下 CH_4、N_2 的渗透性,得出了随着地应力的增加煤层透气性呈指数规律减小的结论。S. Harpalani[51]深入研究了受载含瓦斯煤样的渗透特性。

周世宁、鲜学福、林柏泉等通过系列研究得到了含瓦斯煤的力学特性、变形规律、透气率与孔隙压力或围压间的变化关系及流变特性。赵阳升[57]通过实验分析了围压和孔隙压力对含瓦斯煤体的渗透特性、变形和强度的影响规律。周世宁等[58]通过实验研究得到了含瓦斯煤的流变特性曲线类似于岩石的蠕变变形曲线的结论。赵阳升[59]建立了描述瓦斯在煤层中流动的耦合数学模型,完善了均质煤体固气耦合理论模型,并提出了模型的数值解法。梁冰等[60]研究了瓦斯与煤的耦合作用对瓦斯突出的影响,并提出了煤与瓦斯突出的固流耦合失稳理论。赵国景等[61]基于多相介质力学,构建了煤与瓦斯突出的固流耦合理论模型,并基于有限元法进行了数值模拟分析。

李树刚[62]认为考虑煤岩体变形影响的煤样渗透系数-体应变方程应作为固流耦合分析中重要的控制方程之一。王宏图等[63-64]研究了综合考虑应力场、地温场和地电场影响的煤层瓦斯渗透方程。曹树刚[65]基于煤层瓦斯流动的质量守恒方程及原煤吸附瓦斯贡献系数,建立了研究煤与瓦斯延迟突出机理的气固耦合模型。梁冰等[66]建立了综合考虑地温场、地应力场和渗流场的固气耦合数学模型,并模拟分析了不同温度下瓦斯压力和煤岩应力分布规律。

李祥春[67]建立了考虑煤体吸附变形对孔隙率和渗透率影响的煤层瓦斯固流耦合模型。唐巨鹏等[68]通过实验研究了煤层气解吸和渗流间的相互作用规律。黄启翔等[69]通过实验研究了型煤试件的瓦斯渗透特性,并结合实验结果及达西定律,推导出了煤层瓦斯渗流方程。尹光志等[70-71]基于含瓦斯煤岩的有效应力理论,建立了含瓦斯煤岩的孔隙率和渗透率的动态变化模型及综合考虑煤岩骨架可变形性和瓦斯可压缩性的含瓦斯煤岩的固气耦合模型。杨天鸿等[72]基于煤体变形过程中损伤、应力与透气性演化的耦合作用,建立了含瓦斯煤岩破裂过程固气耦合模型。郭平等[73]基于固气耦合作用的基本理论及煤体孔隙率和渗透率的基本概念,建立了含瓦斯煤岩体孔隙率、渗透率的动态变化模型及综合考虑克林肯贝格效应和吸附膨胀效应影响的含瓦斯煤体固气耦合模型,并对自然卸压情况下瓦斯运移规律进行了数值解算。近年来,赵阳升、梁冰、刘建军等均对气、水两相渗流理论进行了研究。李志强等[74]建立了温度和应力影响下的瓦斯渗流控制方程并得到了数值解。

综上所述,多场耦合是如今研究瓦斯流动问题的主要手段,梁冰、李树刚等都对此进行了研究,均建立了不同条件下的流固耦合方程,取得了不错的研究成果。但大多只研究了煤岩体在发生弹性、塑性变形情况下的性质,而对于钻孔发生不同变形失稳对周围煤岩体内瓦斯分布的影响研究较少。

1.2.2 抽采钻孔周围煤岩变形失稳规律研究现状及发展动态

国内外许多学者对钻孔周围煤岩体的变形失稳规律进行了研究。K. Tezuka 等[75]、F. H. Cornet 等[76]、B. C. Haimson 等[77]提出了线弹性模型、黏弹性模型、弹塑性模型等钻孔稳定性模型,并理论分析了钻孔壁的稳定性。卢平等[78]基于含瓦斯煤的力学变形与破坏机制理论及相关实验成果提出了含瓦斯煤的变形破坏受双重有效应力作用的观点,分析了瓦斯吸附造成煤体强度降低的机理,并提出了煤与瓦斯突出控制的途径和方法。王振等[79]建立了掘进工作面防突钻孔失稳的力学模型,得到了防突钻孔孔底及孔壁周围煤体的破坏形式和失稳特征。孙泽宏等[80]用 FLAC 软件数值模拟了钻孔岩石力学行为,初步研究了深部煤岩弱结构钻孔失稳的力学特性并建立了相应理论计算模型;分析了钻孔稳定性的影响因素,并提出了稳孔方法。赵阳升等[81]对含钻孔花岗岩体恒温恒压下钻孔变形规律及其临界失稳条件进行实验研究和理论分析;并根据实验研究结论,运用黏弹塑性力学理论建立了钻孔变形的黏弹性理论模型及黏弹-塑性理论模型。梁冰等[82]根据煤体变形破坏与瓦斯渗流的相互影响及作用机理,建立了煤与瓦斯突出固流耦合失稳理论模型。周晓军等[83]依据岩石力学相关理论,研究了煤体钻孔周围弹塑性区域次生应力及应变的分布规律。翟成等[84]分析了松软突出煤层抽采钻孔变形失稳机理,指出压裂钻孔施工后孔壁弱结构易破坏失稳坍塌的主要力源是巷道围岩应力和钻孔二次应力;提出了松软煤层区域固化成孔法,数值模拟分析了松软煤层及固化后钻孔围岩应力和位移变化规律。孙臣等[85]系统研究了钻孔的应力分布,考虑巷道与钻孔的共同影响,用 FLAC3D 软件模拟分析了不同原岩应力、钻孔直径及钻孔深度等情况下钻孔周围煤岩的应力分布,以及随钻孔间距变化的水平多孔应力分布规律。黄旭超等[86]基于穿层钻孔施工特点及高瓦斯突出煤层本身具备的能量和力学条件,分析探讨了高瓦斯突出煤层本身的能量及穿层钻孔钻进扰动对穿层钻孔喷孔的影响。丁继辉等[87]基于多相介质力学理论提出了煤体在有限变形条件下煤与瓦斯突出的耦合失稳理论。赵阳升等[88]研究了块裂介质岩体变形与气体渗流相互作用的物理机制,并基于此建立了基质及裂缝变形与气体渗流的固流耦合数学模型,数值模拟分析揭示了瓦斯在含裂缝煤层基质岩块和裂缝中运移、交换和传递过程,研究了岩体裂缝和基质岩块变形和应力分布及其对瓦斯运移的影响规律。易丽军等[89]用 ANSYS 有限元软件对不同煤体强度下的钻孔周围塑性区和应变变化进行数值模拟,得出塑性区的变化规律。何学秋等[90]对煤体中瓦斯赋存形态及瓦斯对煤体的蚀损现象进行了原因分析及半定量分析,指出孔隙气体对煤体的变形及破坏过程有显著的影响。王泳嘉等[91]以岩体遇水前后的基本性质变化为基础,对岩体随时间变化的稳定性问题进行了理论探讨,建立了岩体浸水后的流变失稳判据,并实例分析了雨季滑坡问题。周晓军等[92]研究了受载煤岩体失稳破坏时的应变软化特征,并基于此特征研究了基于微元统计损伤本构模型和黏弹性本构模型的受载煤岩体变形失稳破坏条件。马德新等[93]理论分析了钻孔围岩流动及软化特性,建立了考虑蠕变特性的井壁应力与位移的本构关系。姚向荣等[94]基于卡斯特纳公式数值分析了钻孔周围煤体应力场、塑性破坏区及位移场的变化规律。郝富昌等[95]建立了综合考虑含瓦斯煤的塑性软化、扩容及流变特性的钻孔周围煤体的黏弹塑性软化模型,通过数值分析得到了软、硬煤层抽采钻孔的卸压效果及孔径变化规律的差异。

综上所述,目前国内外学者大多利用弹塑性力学理论对钻孔(或煤岩体)变形失稳进行了研究,而对于钻孔发生变形失稳直至破坏过程中周围煤层渗透率、孔隙率动态变化及分布尚未进行研究。

1.2.3 钻孔抽采负压分布规律研究现状及发展动态

目前,国内部分学者研究了钻孔抽采负压变化规律。辛新平[96]现场测试了本煤层瓦斯抽采负压分布,并认为抽采时间较短时,沿钻孔长度方向抽采瓦斯效果相差不大;抽采时间较长时,孔壁煤体收缩变形及钻孔受压变形,增大了钻孔沿程的负压损失,孔口和孔底的径向抽采效果有一定差异。李伟等[97]计算了瓦斯抽采钻孔孔内负压损失,认为未卸压煤层抽采钻孔负压损失较小,可以忽略负压损失造成的影响;卸压煤层抽采钻孔负压损失比未卸压煤层抽采负压损失要大。姬忠超[98]将钻孔中的流动看作直管流动,考虑沿程阻力损失为钻孔主要阻力损失,数值分析了煤层渗透率、抽采负压、钻孔塌孔等因素对孔内负压损失的影响,得到了钻孔负压损失很小,其对瓦斯抽采量影响可以忽略不计的结论。李书文[99]利用流体力学中摩擦阻力公式理论计算了新安矿瓦斯抽采钻孔负压损失,认为负压损失与孔口负压相比很小,其带来的影响可以忽略不计。

胡鹏[100]通过实验分析了一维条件下抽采钻孔负压的分布规律,认为抽采钻孔负压沿孔长呈对数规律分布。李杰[101]现场测试了不同抽采负压情况下本煤层抽采钻孔负压分布情况,认为抽采钻孔负压沿孔长呈线性分布。刘军[19]通过数值模拟及实验室测试等手段研究了抽采钻孔负压沿孔长的分布规律,认为抽采钻孔负压沿孔长呈负指数规律分布,煤层渗透率是抽采钻孔负压损失的主要影响因素。

国内外很多学者在石油开采中水平井的压降方面进行了大量研究[102-113],取得了不错的研究成果,对钻孔负压损失的研究可以加以借鉴。Z. Su 等[111-113]把水平井水平段中压降分为摩擦压降 Δp_{wall}、加速压降 Δp_{acc}、混合压降 Δp_{mix} 及孔眼粗糙度造成的压降 Δp_{perf} 四部分,并利用流体力学等理论给出了摩擦压降和加速压降的计算公式。

综上所述,目前对于抽采钻孔负压损失的研究还存在争议,部分学者认为抽采钻孔负压损失很小,可以忽略其对瓦斯抽采效果的影响;部分学者认为抽采钻孔负压损失很大,其对瓦斯抽采效果影响较大。抽采钻孔负压分布也存在不同研究结果。研究钻孔内抽采负压分布规律应该结合抽采钻孔内瓦斯运移变质量流的特点,考虑钻孔周围煤层孔隙率分布及钻孔变形情况,将钻孔内抽采负压分布与钻孔周围煤层瓦斯运移及钻孔变形特征结合起来进行综合研究分析。

1.3   主要研究内容

针对松软突出煤层抽采钻孔易发生失稳坍塌、瓦斯抽采效果差、评价达标后仍出现动力现象的现场实际问题,本书对松软煤层抽采钻孔变形失稳特性及其对瓦斯抽采的影响机制进行研究,主要研究内容如下。

(1)松软煤层含瓦斯煤样力学失稳、渗透及声发射特性研究

通过开展不同围压、瓦斯压力和温度下含瓦斯煤样力学失稳、渗透及声发射特性的实验研究,得到力学特性参数、渗透率和声发射特性参数与围压、瓦斯压力和温度之间的变化关系;利用显微 CT 设备扫描实验前后煤样内部裂隙的空间分布、形态和数量,得到煤样裂隙演化规律和破坏形式。上述实验为数值模拟提供数据支撑。

(2)松软煤层抽采钻孔变形失稳影响因素研究

根据实验得到的基础物性参数,采用 FLAC3D 模拟软件建立三维数值模型,模拟抽采钻孔变形过程,分析钻孔埋深、侧压系数、钻孔直径、瓦斯压力和支护方式等因素对钻孔稳定性的影响,确定抽采钻孔变形失稳的主控因素,为钻孔失稳的防护提供理论指导。

（3）松软煤层钻孔变形失稳特性及模式研究

现场采取试验矿井煤样,研究含瓦斯软煤的力学特性及失稳破坏形式,分析松软煤层抽采钻孔变形失稳机理;基于弹性损伤理论的抽采钻孔失稳理论模型,研究松软煤层抽采钻孔变形失稳过程中周围煤体卸压区分布、钻孔破坏形式、断面形状及大小变化、渗透特性分布等变形失稳特性;分析钻孔不同部位失稳特性,确定钻孔容易发生变形失稳的部位。结合数值模拟结果及前人现场观测、实验测试及理论分析结果,提出松软煤层抽采钻孔变形失稳模式。上述研究成果可为钻孔负压测试系统搭建和测试方案确定提供依据,为模拟分析钻孔变形失稳对瓦斯抽采效果影响提供钻孔周围煤体渗透率分布初值数据支撑。

（4）考虑钻孔变形的负压损失计算方法研究

研制开发钻孔内抽采负压分布测试系统,测试分析不同变形失稳情况下钻孔内负压及流量分布规律;结合实验结果及前人研究成果,提出考虑钻孔变形失稳的负压损失计算方法,为数值模拟研究钻孔变形失稳影响奠定基础。

（5）松软煤层钻孔变形失稳对瓦斯抽采的影响机制研究

结合研究成果,构建综合考虑钻孔变形失稳、煤层瓦斯运移及钻孔抽采负压动态变化的耦合数学模型;结合所得钻孔变形失稳时煤层渗透率分布,模拟分析抽采钻孔不同变形失稳影响下钻孔内抽采负压分布情况、瓦斯抽采流量分布与变化情况以及瓦斯抽采效果,将模拟结果与实验测试结果对比验证,综合分析钻孔变形失稳对钻孔抽采负压分布、瓦斯抽采流量及煤层瓦斯分布的影响。

（6）松软煤层钻孔失稳坍塌区域判定及防护技术应用

根据研究成果提出松软煤层钻孔失稳坍塌区域综合判定方法,研究松软煤层钻孔变形失稳防护技术选择方法;结合试验地点煤层实际情况,选用合适钻孔变形失稳防护技术进行现场应用。

2 松软煤层抽采钻孔变形失稳理论研究

本章阐述了软煤的力学特性、渗流及蠕变特性等失稳理论,分析了钻孔周围煤体的应力分布规律、抽采钻孔变形失稳机理、钻孔失稳临界条件及影响因素,为减少钻孔变形失稳状况发生提供可靠的理论依据。

2.1 含瓦斯软煤力学及渗流特性

2.1.1 含瓦斯软煤的力学特性

抽采钻孔失稳破坏的过程实际上是钻孔周围煤岩体的破坏失稳过程,研究含瓦斯软煤的力学性质和破坏失稳规律对松软煤层抽采钻孔失稳坍塌的控制具有重要作用。

软煤(型煤)煤样在不同瓦斯压力条件下的应力-应变曲线如图 2-1 所示[114]。

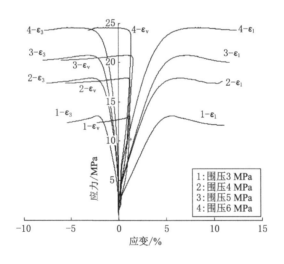

图 2-1 软煤煤样应力-应变曲线

由图 2-1 可以看出:软煤煤样的变形过程大致可以分为压密压实阶段、弹性变形阶段、屈服变形阶段(又称应变强化阶段)、破坏阶段(又称应变软化阶段)和残余强度变形阶段。

2.1.2 含瓦斯软煤的渗流特性

全应力-应变过程中的受载含瓦斯软煤渗透率变化曲线如图 2-2 所示。
总体上来说,含瓦斯软煤的力学破坏特征和渗流特性具有以下几个特点。

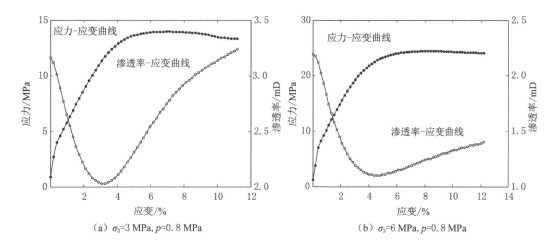

（a）$\sigma_3=3$ MPa，$p=0.8$ MPa　　　　（b）$\sigma_3=6$ MPa，$p=0.8$ MPa

图 2-2　含瓦斯软煤煤样全应力-应变过程中的渗透率变化曲线

（1）压密压实阶段：受载作用下煤样中原生裂隙和孔隙逐渐闭合，软煤煤样被压实，从而导致煤样体积减小、渗透通道变窄小、渗透率下降。

（2）弹性变形阶段：煤样发生弹性变形，煤样的应力-应变基本呈线性关系，服从线性胡克定律；在三轴应力的作用下，煤样内部原生裂隙不断扩展并萌生不少新裂隙，其变形大部分属可逆变形，煤样体积继续减小，煤样渗透率逐渐降至最小值。

（3）屈服变形和破坏阶段：载荷达到屈服强度，应力-应变曲线开始偏离直线，煤样内部开始出现损伤，煤样承载能力下降，煤样内部裂隙进一步连通和扩展，并不断产生新的裂隙；特别是在峰值应力后，煤样内部逐渐形成贯穿的宏观破坏裂隙，煤样呈现明显的膨胀变形；煤样的孔隙率和瓦斯气体的有效渗流空间增加，煤样的渗透率随着应力和变形的增加开始逐渐增加。

（4）残余强度变形阶段：煤样的变形继续增加，裂隙继续扩展，渗透率有缓慢增加的趋势。

含瓦斯煤渗透率在变形破坏过程中总体表现出一种"V"字形的发展趋势。现场实际煤体一般处于应力-应变曲线的弹性变形阶段或屈服变形阶段。当煤体处于弹性变形阶段时，若所受载荷不变，煤体就不会破坏；当煤体处于屈服变形阶段时，煤体已经处于即将破坏的危险状态，此时应采取相应的卸压措施，防止突出等动力事故的发生。

2.2　含瓦斯软煤蠕变变形特性

含瓦斯煤的蠕变曲线如图 2-3 所示，可分为三个阶段[95]：① 减速蠕变阶段（AB 段），蠕变曲线上凸，蠕变速率逐渐减小；② 稳定蠕变阶段（BC 段），蠕变曲线大致呈线性，蠕变速率基本不变；③ 加速蠕变阶段（CD 段），蠕变曲线下凸，蠕变速率快速增加。可以看出，图中 C 点是煤体发生破坏的一个临界点，蠕变变形超过 C 点煤体将发生加速蠕变而迅速破坏。

钻孔施工破坏了煤体原有的系统平衡，煤体应力重新分布，孔壁煤体受集中应力的影响瞬间发生初始弹性及塑性变形(即图 2-3 中 OA 段);此后,钻孔周围煤体受载发生蠕变变形。对于松软煤体,当其受载应力小于软煤长期强度 σ_s 时,钻孔周围煤体仅发生减速蠕变和稳定蠕变(见图 2-4 中应力为 7 MPa、9 MPa 两条曲线),钻孔不会发生失稳破坏;当煤体受载应力大于软煤长期强度 σ_s 时,钻孔周围煤体将发生加速蠕变(见图 2-4 中应力为 13 MPa、11.6 MPa 两条曲线),最终钻孔发生失稳破坏坍塌甚至堵塞。其中,煤体的瓦斯压力越大,煤体的峰值强度越小,越易进入加速蠕变阶段,钻孔越容易发生失稳坍塌。

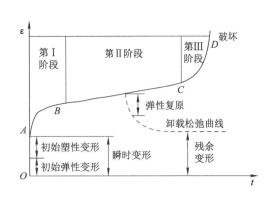

图 2-3 含瓦斯煤的蠕变曲线[95]

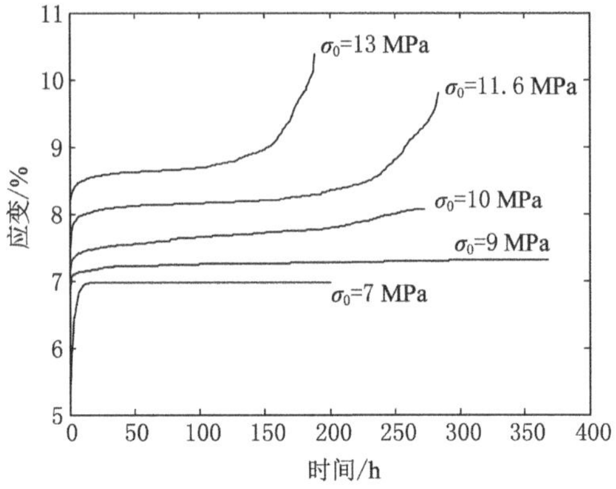

图 2-4 不同应力水平下含
瓦斯煤的蠕变曲线[114]

2.3 钻孔周围煤体应力分布规律

2.3.1 钻孔周围煤体初始应力分析

钻孔周围煤体所受的初始应力包括初始地应力和附加应力。附加应力主要是孔隙压力产生的压缩应力和瓦斯吸附产生的膨胀应力。

2.3.1.1 钻孔周围煤体的初始地应力

煤体的初始地应力主要是自重应力(垂直应力)和构造应力叠加形成的。煤层埋深为 H 处的单元体承受的水平应力和垂直应力分别为 σ_x、σ_y、σ_z。垂直应力 σ_z 为单元体上覆岩体的重力[57],即

$$\sigma_z = \gamma H \tag{2-1}$$

式中 γ——单元体上覆岩体的平均重度,kN/m³;

H——煤层的埋深,m。

单元体上覆岩体一般由多层不同性质的岩层组成,单元体垂直应力应分别计算各岩层的自重应力然后求和,即

$$\sigma_z = \sum_{i=1}^{n} \gamma_i H_i \tag{2-2}$$

式中 γ_i,H_i——第 i 层岩体的重度和厚度。

水平应力可由垂直应力及侧压系数计算得到,即[57]

$$\sigma_x = \sigma_y = \frac{\nu}{1-\nu}\sigma_z = \lambda\sigma_z \tag{2-3}$$

式中　ν, λ——岩体的泊松比和侧压系数。

　　岩体的自重应力随着埋深的不断增加大致呈线性关系增大。当埋深较浅、岩体所受自重应力小于其弹性强度时,岩体处于弹性状态;当埋深较深、岩体所受自重应力超过其弹性强度时,岩体处于塑性状态。塑性状态的岩体侧压系数 λ 近似等于1,即岩体所受的垂直应力等于水平应力,这种状态称为静水压力状态。大量现场测试及理论研究表明,埋深 $25\sim$ $2\,700$ m 范围内岩体的自重应力可按岩体平均重度为 27 kN/m³ 计算得到。

2.3.1.2　钻孔周围煤体的附加应力

　　如前所述,附加应力主要是孔隙压力产生的压缩应力和瓦斯吸附产生的膨胀应力,其中膨胀应力 σ_p 可由式(2-4)计算[67]:

$$\sigma_p = \frac{2a\rho_s RT(1-2\nu)\ln(1+bp)}{3V} \tag{2-4}$$

式中　a——煤的极限吸附量,m³/t;

　　　　b——煤的吸附常数,MPa⁻¹;

　　　　ρ_s——煤的视密度,m³/t;

　　　　R——摩尔气体常数,取 $8.314\,3$ J/(mol·K);

　　　　V——气体摩尔体积,标准状态下约为 22.4 L/mol;

　　　　T——热力学温度,K。

2.3.1.3　钻孔周围煤体初始总应力分析

　　如图 2-5 所示,在钻孔周围孔隙率为 φ 的煤体中任取一个面积为 S 的截面,该截面受到地应力 σ_x、膨胀应力 σ_p 和瓦斯应力 p 三个应力作用,煤体所受总应力为 σ_0,根据受力平衡可得:

$$\sigma_0 S = \sigma_x S + \sigma_p S(1-\varphi) + \varphi p S \tag{2-5}$$

　　将式(2-4)代入式(2-5)可得钻孔周围煤体初始总应力[67]:

$$\sigma_0 = \sigma_x + \varphi p + \frac{2a\rho_s RT(1-2\nu)\ln(1+bp)}{3V}(1-\varphi) \tag{2-6}$$

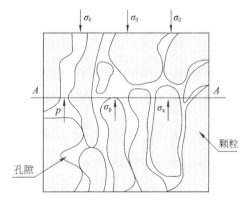

图 2-5　钻孔周围煤体应力分析[95]

2.3.2 钻孔周围煤体应力分布特征

根据钻孔周围煤体力学特征(其力学模型见图2-6),可将钻孔周围煤体从里至外划分为三个区,破坏区1、塑性软化区2和弹性区3。三个区的煤体分别处于残余强度状态、塑性应变软化状态和弹性状态,分别对应于全应力-应变曲线的残余强度变形阶段、屈服变形和破坏阶段以及弹性变形阶段。由于含瓦斯煤的蠕变变形特性,三个区的范围是随时间延长而不断改变的。图2-6中,虚线和实线应力分布分别为硬煤和软煤的应力分布,明显可以看出两者差别较大,硬煤强度大其卸压区范围较小,软煤强度小其卸压区范围较大。

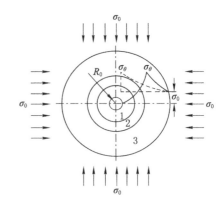

图 2-6   钻孔周围煤体应力分布

2.4   松软煤层抽采钻孔变形失稳机理

引起钻孔变形失稳破坏的因素大致可以分为天然因素和工程因素两类。天然因素有地应力、地质构造情况、煤岩体力学性质、瓦斯压力等,工程因素有钻孔施工钻杆对孔壁的扰动、高压水对孔壁的冲刷、工作面采掘影响等。但从根本上来说,钻孔的失稳破坏,即钻孔周围煤岩体的失稳破坏,是一个力学失稳的过程,本质是煤岩体自身强度无法承受施加的应力而诱发的失稳破坏;换言之,地应力是钻孔失稳的根源。

钻孔施工前,煤岩体在地应力、附加应力等共同作用下维持着一种应力平衡,煤体内有着一种初始应力分布状态,常称其为一次应力状态;钻孔的施工会破坏煤体初始的应力平衡,钻孔周围煤体应力重新分布,再次形成一种应力分布状态,这常被称为二次应力状态。抽采钻孔形成后,其周围煤岩体变形破坏过程主要包括塑性区、破裂区形成和钻孔坍塌两个阶段:

(1)钻孔的施工使孔壁周围煤体所受的径向应力突然消失,导致钻孔周围煤体受力状态突然变成单向或两向受力[115],孔壁附近煤体强度降低,其应力状态由弹性变为塑性;孔壁周围煤体向钻孔方向产生径向变形,孔壁附近塑性区外圈煤体变形量比内圈煤体变形量小,塑性区煤体变形量随着时间的延长不断增加;当径向变形量达到煤体变形极限时,紧靠孔壁的塑性区内圈煤体就会发生破裂,该区域就由塑性区变成了破裂区。破裂区内部煤体强度明显降低,低于原岩应力。最终,如图2-7(a)所示,钻孔径向由外而内形成弹性区、塑性区和破裂区,钻孔施工引起的卸压区主要集中在破裂区范围内。

(2)随着时间的不断延长,处于破裂区和塑性区的煤体变形量进一步增加,破裂区及塑性区煤体强度进一步降低,当煤块间的黏聚力和摩擦力不足以抵抗内部煤岩体的变形压力及自重时,钻孔周围破裂煤体将向钻孔内冒落、坍塌;冒落、坍塌的煤体不断充填钻孔内自由空间,与此同时,破裂区煤体产生的变形能向孔内方向不断释放,冒落、坍塌的煤块与变形后的破裂区边界煤体接触,并对其产生一定的支撑力;当支撑力仍无法抵抗破裂区传递的变形压力时,冒落、坍塌继续发生,塌落区松散煤块将进一步被压实;当塌落区被压实煤块的抵抗变形能力不断增大直至可以平衡破裂区传递的变形压力时,新的受力平衡出现,各区域煤体保持相对稳定。最终各变形失稳区域分布如图 2-7(b)所示。

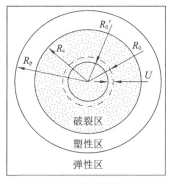　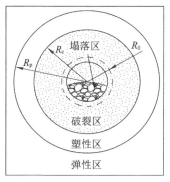

（a）失稳坍塌前　　　　　　　　　（b）失稳坍塌后

R_0—失稳前钻孔半径;R_c—破裂区半径;R_p—塑性区半径;$R_0{}'$—失稳后钻孔半径;U—煤体径向变形量。

图 2-7　钻孔周围煤体变形失稳区域示意图

钻孔失稳坍塌后断面形状不规则,其断面大小与受载应力、煤体强度、塌落煤块的碎胀系数及时间都有密切关系;当受载应力较大或者煤体松软强度较低时,塌落煤块将填满孔内整个自由空间,且不断被压实最终堵塞钻孔。

在施工钻孔时,保证钻孔成孔率和提升瓦斯抽采效果是关键。在钻孔施工前,煤层处于覆岩压力、水平地应力和地层孔隙压力等[116]共同作用下的平衡状态。而钻孔的形成使原始煤层的应力平衡状态被破坏,煤层应力重新分布,围岩的孔裂隙结构发生改变;当钻孔围岩某处的应力超过该处煤岩所能承受的最大载荷时,裂纹迅速扩展、贯通[117],煤体向钻孔内挤压,钻孔失稳坍塌[94]。在煤层中施工钻孔,钻孔围岩应力与钻孔埋深、侧压系数等因素息息相关。改变任何一个因素,都会影响抽采钻孔稳定性,使其发生变形、失稳、坍塌等。本章针对抽采钻孔变形失稳的理论研究,可为减少钻孔变形失稳状况提供可靠的理论依据。

2.5　抽采钻孔力学稳定性分析

2.5.1　判断钻孔失稳破坏的强度准则

强度准则是预测和判断岩石破坏的一种标准。它以大量实验为基础,根据一定的理论假设及限定的某些条件或控制因素,提出岩石破坏时应力需要满足的条件,可用来预判岩石或钻孔失稳破坏。矿山岩石力学[118]中的强度准则有最大正应力强度理论、最大正应变强度理论、最大剪应力强度理论、德鲁克-普拉格(Drucker-Prager)强度准则、莫尔-库仑(Mohr-Coulomb)强度准则、伦特堡(Lund Borg)岩石破坏经验准则、霍克-布朗(Hoek-Brown)岩石破坏经验准则、软弱面破裂准则等。1994 年,M. Rmeclean 将已经存在的强度准则按照是否考虑中间主应力和是否属于线性准则划分为四种,如表 2-1 所示。

表 2-1　强度准则归类表[116]

类　别	考虑中间主应力	忽略中间主应力
线性准则	A 类,如 Drucker-Prager 强度准则	B 类,如 Mohr-Coulomb 强度准则
非线性准则	C 类,如 Pariseau 强度准则	D 类,如 Hoek-Brown 岩石破坏经验准则

目前,在工程项目领域或学术研究领域,被广泛应用的强度准则是 Mohr-Coulomb 强度准则和 Drucker-Prager 强度准则[116-124]。Mohr-Coulomb 强度准则的优点是研究对象较为简单,只研究最大、最小主应力,不足是未不考虑中间主应力作用[116,118]。与前者相比,Drucker-Prager强度准则不仅考虑中间主应力作用,还研究静水压力作用,能比较准确地反映岩石弹塑性变化。然而经过多次岩石力学实验和工程实践发现[119],利用 Drucker-Prager强度准则计算出的岩石强度要比真实值大很多,最小钻孔液密度的预测值比真实值偏低,达不到维持孔壁稳定的效果。有研究发现,对于水平孔和倾斜孔,Mohr-Coulomb 强度准则所预测的最小钻孔液密度与防止孔壁崩落的钻孔液密度基本一致[120]。因此,判断钻孔孔壁破坏选取 Mohr-Coulomb 强度准则更为适宜。

莫尔强度理论是由莫尔(Mohr)在 1900 年提出的,自此,在岩石力学及采矿学中其成为被广泛使用的强度理论之一[121]。该理论假设材料内某一点的破坏是由最大和最小主应力决定的,而与中间主应力无关。根据最大、最小主应力,可以在 $\tau\sigma$ 平面上得到一系列的莫尔应力圆。

每一个莫尔应力圆表征一种极限应力状态,此时称为极限应力圆;而图 2-8 所示的极限应力圆的包络线,叫作莫尔包络线。材料破坏时剪应力与主应力的关系由包络线上的点体现,即

$$\tau = f(\sigma) \tag{2-7}$$

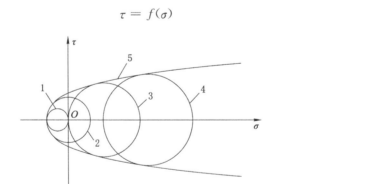

1—抗拉实验得到的应力圆;2—纯剪实验得到的应力圆;

3—抗压实验得到的应力圆;4—三轴实验得到的应力圆;5—包络线。

图 2-8　极限应力圆的包络线[118]

根据 Mohr-Coulomb 强度准则,岩石破坏时受到的剪应力必须要克服岩石的黏聚力 C 和剪切面上的摩擦阻力 $\varepsilon\sigma$,即[118]

$$\tau \geqslant C + \varepsilon\sigma \tag{2-8}$$

式中　ε——岩石的内摩擦系数,$\varepsilon = \tan\varphi$;

　　　φ——岩石的内摩擦角。

式(2-7)还可以用如图 2-9 所示的 σ_1 和 σ_3 坐标平面来表示,因此该式可以改写成:

$$\sigma_1 = m\sigma_3 + \sigma_c \tag{2-9}$$

$$m = \tan^2\alpha = \cot^2(\pi/4 - \varphi/2)$$

式中　σ_c——单轴抗压强度,$\sigma_c = 2C\cos\varphi/(1-\sin\varphi)$。

所以:

$$\sigma_1 = \sigma_3\cot^2(\pi/4 - \varphi/2) + 2C\cot(\pi/4 - \varphi/2) \tag{2-10}$$

当存在孔隙压力 p_p 时,可以用有效应力来表示莫尔-库仑强度准则:

$$\sigma_1 - \eta p_p = (\sigma_3 - \eta p_p)\cot^2(\pi/4 - \varphi/2) + 2C\cot(\pi/4 - \varphi/2) \tag{2-11}$$

式中　η——有效应力系数。

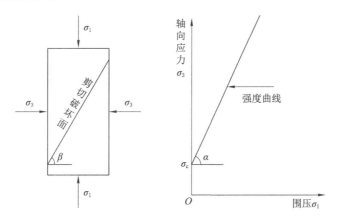

图 2-9　岩石剪切破坏示意图和用主应力表示的强度曲线[122]

2.5.2　钻孔周围煤体的应力分析

根据线弹性理论,对地层作如下假设:① 在弹性范围内,地层是均匀的且各个方向特性相同的线弹性多孔材料,并认为孔壁围岩处于平面应变状态。② 地层完整,不受温度影响;孔壁发生破坏的条件是孔壁处某一点的应力状态满足破坏强度准则。

(1) 水平钻孔周围弹性应力分布

孔壁原始应力为竖直地应力 σ_v、最大水平地应力 σ_H、最小水平地应力 σ_h。水平抽采钻孔受力状态如图 2-10 所示。

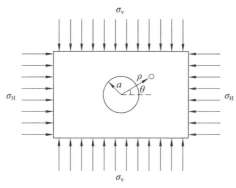

图 2-10　水平抽采钻孔受力示意图

现假设钻孔轴线轨迹与最小水平地应力方向一致，原始应力场为 σ_v，σ_H 和 σ_h，并且 $\sigma_H >$ $\sigma_h > \sigma_v$。基于最大水平地应力引起的孔壁应力分布，垂直地应力 σ_v 引起的孔壁应力分布，孔隙中的径向渗流对孔壁产生的应力分布，得到孔壁围岩的径向、切向应力[125]：

$$\sigma_\rho = \frac{\sigma_v + \sigma_H}{2}\left(1 - \frac{a^2}{\rho^2}\right) + \frac{\sigma_v - \sigma_H}{2}\left(1 - 4\frac{a^2}{\rho^2} + 3\frac{a^4}{\rho^4}\right)\cos 2\theta +$$
$$\frac{a^2}{\rho^2}p_i + \delta\left[\frac{\xi}{2}\left(1 + \frac{a^2}{\rho^2}\right) - f\right](p_i - p_p) \tag{2-12}$$

$$\sigma_\theta = \frac{\sigma_v + \sigma_H}{2}\left(1 - \frac{a^2}{\rho^2}\right) - \frac{\sigma_v - \sigma_H}{2}\left(1 + 3\frac{a^4}{\rho^4}\right)\cos 2\theta -$$
$$\frac{a^2}{\rho^2}p_i + \delta\left[\frac{\xi}{2}\left(1 + \frac{a^2}{\rho^2}\right) - f\right](p_i - p_p) \tag{2-13}$$

$$\xi = \alpha(1 - 2\mu)(1 - \mu) \tag{2-14}$$

式中　a——钻孔半径，m；

σ_H——最大水平地应力，MPa；

σ_v——垂直地应力，MPa；

p_p——地层孔隙压力，MPa；

p_i——支撑钻孔稳定的最小力，MPa；

f——孔隙率，0～1；

μ——泊松比，0～0.5；

δ——常数，$\delta = \begin{cases} 1, & \text{孔壁有流体渗壁} \\ 0, & \text{孔壁没有流体渗壁} \end{cases}$；

θ——孔壁上某点和孔中心连线与最大水平地应力方向的夹角。

（2）倾斜钻孔周围弹性应力分布

倾斜钻孔受力状态如图 2-11 所示，选取坐标系为 (X', Y', Z')，σ_H，σ_h 和 σ_v 分别平行于直角坐标系中的 OX' 轴、OY' 轴和 OZ' 轴；绕 Z' 轴旋转 ω 角度，变成坐标系 (X_1', Y_1', Z_1')；将 (X_1', Y_1', Z_1') 绕 Y_1' 轴旋转 Ψ 角度，变成坐标系 (x, y, z)，建立柱坐标系 (ρ, θ, z)，则孔壁围岩在柱坐标系中的应力公式为[125]：

$$\sigma_\rho = \frac{R^2}{\rho^2}p_i + \frac{\sigma_{xx} + \sigma_{yy}}{2}\left(1 - \frac{R^2}{\rho^2}\right) + \frac{\sigma_{xx} + \sigma_{yy}}{2}\left(1 + 3\frac{R^4}{\rho^4} - 4\frac{R^2}{\rho^2}\right)\cos 2\theta +$$
$$\tau_{xy}\left(1 + 3\frac{R^4}{\rho^4} - 4\frac{R^2}{\rho^2}\right)\sin 2\theta + \delta\left[\frac{\alpha(1 - 2\mu)}{2(1 - \mu)}\left(1 - \frac{R^2}{\rho^2}\right) - f\right](p_i - p_p) \tag{2-15}$$

$$\sigma_\theta = -\frac{R^2}{\rho^2}p_i + \frac{\sigma_{xx} + \sigma_{yy}}{2}\left(1 + \frac{R^2}{\rho^2}\right) - \frac{\sigma_{xx} + \sigma_{yy}}{2}\left(1 + 3\frac{R^4}{\rho^4} - 4\frac{R^2}{\rho^2}\right)\cos 2\theta -$$
$$\tau_{xy}\left(1 + 3\frac{R^4}{\rho^4}\right)\sin 2\theta + \delta\left[\frac{\alpha(1 - 2\mu)}{2(1 - \mu)}\left(1 - \frac{R^2}{\rho^2}\right) - f\right](p_i - p_p) \tag{2-16}$$

$$\sigma_z = \sigma_{zz} - \mu\left[2(\sigma_{xx} - \sigma_{yy})\left(\frac{R}{\rho}\right)^2\cos 2\theta + 4\tau_{xy}\left(\frac{R}{\rho}\right)^2\sin 2\theta\right] +$$
$$\delta\left[\frac{\alpha(1 - 2\mu)}{2(1 - \mu)} - f\right](p_i - p_p) \tag{2-17}$$

2.5.3　抽采钻孔失稳临界条件

假设钻孔围岩是理想介质，单一且性质均匀。对于水平抽采钻孔，在孔壁 $\rho = a$ 处的径

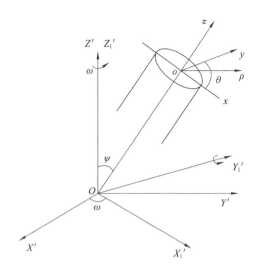

图 2-11 倾斜钻孔方向上的坐标变换[125]

向力和切向力为[125]：

$$\sigma_\rho = p_i - \alpha p_i - f(p_i - p_p) \tag{2-18}$$

$$\sigma_\theta = \eta(3\sigma_v - \sigma_H - p_i) - \alpha p_i + (\xi - f)(p_i - p_p) \tag{2-19}$$

当钻孔的有效抽采半径为 R 时，孔隙压力为：

$$p_p = \left[(p_0^2 - p_1^2) \sum_{n=1}^{\infty} A_n e^{-u_n^2} F_0 + p_1^2 \right]^{\frac{1}{2}} \tag{2-20}$$

$$A_n = \frac{2}{u_n}(-1)^{n+1}, u_n = (2n-1)\frac{\pi}{2}$$

式中　p_1——抽采负压，MPa；

　　　p_0——煤层原始瓦斯压力，MPa；

　　　λ——煤层透气性系数，$m^2/(MPa^2 \cdot d)$；

　　　F_0——时间准数，$F_0 = \dfrac{4\lambda p_0^{1.5} T}{aR^2}$

　　　A——煤层瓦斯含量系数，$m^3/(m^3 \cdot MPa^{1/2})$；

　　　T——瓦斯抽采时间，d。

将式(2-18)、式(2-19)和式(2-20)代入式(2-11)得到水平抽采钻孔围岩失稳坍塌的临界条件：

$$p_i \geqslant \frac{(3\sigma_v - \sigma_H)\eta \cot^2(\pi/4 - \varphi/2) + \left[\eta - f + (f - \xi - \eta)\right]\left[(p_0^2 - p_1^2)\sum\limits_{n=1}^{\infty}A_n e^{-u_n^2} F_0 + p_1^2\right]^{\frac{1}{2}} + 2C\cot(\pi/4 - \varphi/2)}{(\eta + f - \alpha - \xi)\cot^2(\pi/4 - \varphi/2) - f - \alpha + 1} \tag{2-21}$$

对于倾斜抽采钻孔，可以用 σ_H、σ_h 和 σ_v 表示孔壁 $\rho=a$ 处的应力分量，然后确定最大和最小主应力，将其与式(2-14)代入式(2-5)即可得到倾斜抽采钻孔围岩失稳坍塌的临界条件。

2.6 抽采钻孔变形失稳的影响因素

孔壁失稳,造成煤层中抽采钻孔的成孔率较低,钻孔的打钻深度受到一定限制;严重时会诱发钻孔瓦斯燃烧、工作面煤与瓦斯突出等事故[125],导致部分高瓦斯和突出矿井的瓦斯治理效果劣化。因而研究抽采钻孔失稳的影响因素可以为施工钻孔时采取相应的防护措施提供依据。本书将影响钻孔稳定性的因素分为两类,分别是内部因素和外部因素[126]。内部因素有煤岩力学性质、地应力、瓦斯压力等,外部因素有钻孔工艺、支护方式等。

2.6.1 内部因素

(1)煤岩力学性质

煤岩力学性质是影响钻孔稳定性的重要因素之一。煤岩力学参数主要有抗压强度、抗拉强度、弹性模量、体积模量、泊松比、黏聚力等。获得这些参数的方法有:选取煤样在实验室测试得到力学参数;根据钻孔声波、自然伽马、电阻率等井下测得数据计算力学参数等。研究煤岩力学参数,有利于掌握煤岩力学性质,是研究钻孔稳定性的关键步骤。

(2)地应力

地应力包括两部分,即自重应力和构造应力。自重应力受煤岩体深埋影响,埋深越大自重应力越大。构造应力受各式各样的地质构造影响,变化较为复杂。地质构造是经过漫长的地质演化逐渐形成的,主要有破碎带、断层、向斜或背斜以及陷落柱等。破碎带与其周围岩体具有显著的差异,破碎带煤岩强度低、容易发生变形、很容易被水穿透、抵抗水的能力弱。断层是某些岩层发生错断形成的,距离断层位置不远的岩层必然会受到影响,发生破碎产生断层破碎带。在向斜、背斜处,极易形成高应力区,容易发生塌孔现象。陷落柱是地下溶洞在受力作用下发生坍塌,引起上部不可溶解的岩层垮落充填而成的。在陷落柱区域施工时,孔壁极易失稳,容易造成钻具卡住。由此可见,地应力与所有地下工程都密切相关,探索地应力的变化规律对所有地下工程安全高效施工都具有重要意义。

(3)瓦斯压力

煤是一种多孔介质,煤层孔裂隙内的瓦斯气体做自由热运动对煤壁产生压力,这种压力就是瓦斯压力。在以往岩石变形的研究中,许多学者忽略了瓦斯压力的影响,认为在岩石流变中瓦斯压力几乎不变,但现在越来越多的学者通过实验或模拟发现瓦斯压力对岩体变形存在一定的影响。煤作为一种可变形多孔介质,亦不能忽略瓦斯压力的影响。在实际煤层中,裂隙内的游离瓦斯的变化导致煤体有效应力改变,煤体孔隙率、渗透率等随之变化;另外,煤体内的吸附瓦斯产生非力学作用,改变煤体表面自由能,影响煤体的黏聚力,使煤体的承载能力也随之变化。因此,瓦斯压力是影响抽采钻孔稳定性的因素之一。

2.6.2 外部因素

2.6.2.1 钻孔工艺

钻孔工艺包括所有钻孔设计参数和钻孔施工参数,例如钻孔直径、钻孔长度、钻孔倾角和方位角及钻进速度等。任何一个钻孔工艺参数变化都会引起钻孔围岩应力等发生变化,从而导致钻孔变形。

（1）钻孔直径

根据前人的研究结果[127]，结合实际情况发现：钻孔形状固定，孔径增大，钻孔围岩压力会变化，孔径过大会造成不对称地压，钻孔局部容易坍塌。所以，在实际施工钻孔时，应根据需要尽量选择孔径较小的施工方案。

（2）钻孔长度

根据前人的研究[128]，在施工钻孔时，增加钻孔长度可以提升抽采效率；但是侧压力较大，钻孔容易失稳坍塌、阻塞，尤其是没有任何支护措施的深部煤层钻孔，坍塌更易发生。因此，为了保证钻孔成孔率和抽采效果，不能盲目地增加钻孔长度；应综合考量地质情况和钻孔工艺，设计合理的钻孔长度。

（3）钻孔倾角和方位角

钻孔倾角和方位角对孔壁稳定性也具有一定影响。对于应力稳定的煤层，可忽略钻孔方位角的影响，而钻孔倾角的影响更明显。在地质情况稳定或变化不大的煤层中，钻孔倾角在 0°～90°范围内增加，钻孔从水平孔到斜孔再到直孔变化过程中，钻孔围岩压力变化明显，钻孔存在坍塌的可能性。所以，在钻孔设计初期，要充分考虑钻孔倾角和方位角的影响。

（4）钻进速度

钻孔裸眼时间长短的决定性因素是钻进速度，它直观影响孔壁稳定性，对水敏性和裂隙发育的煤层来说更甚。裸眼钻孔破坏不是瞬时发生的，需要一定的过渡期。若钻孔的裸眼时间超过钻孔液的有效作用时限，则易发生埋钻、坍塌等不良情况。因此，在煤层中进行定向钻孔施工时，应尽力提高钻进速度，缩短钻进周期。

2.6.2.2 支护方式

在实际施工钻孔时，会对钻孔采取相应的支护方式，以提高钻孔稳定性，如在钻孔内下入筛管等。煤矿常用的筛管有 PVC 筛管、PE 筛管和 PP 筛管等。在抽采过程中，钻孔坍塌会挤压筛管使之变形，筛管主要遭受轴向拉伸、扭转变形和径向压缩破坏[129]；同时，筛管抵抗钻孔变形，承受一定的压力，保证瓦斯的流通。因此，支护方式是影响钻孔稳定性的因素之一。

影响钻孔稳定性的因素有很多，本书将在后面运用 FLAC3D 软件对钻孔埋深、侧压系数、钻孔直径、孔隙压力和支护方式五个因素进行模拟分析，从而确定影响抽采钻孔稳定性的主控因素。

3 松软煤层含瓦斯煤样力学失稳、渗透及声发射特性研究

在煤矿开采过程中,随着开采深度的加深,地质状况越来越差,高地温、高地应力、高瓦斯压力和低渗透性的赋存环境给瓦斯抽采带来很大问题。因此,研究不同围压、不同瓦斯压力和不同温度下深部煤层含瓦斯煤样在三轴应力破坏过程中力学失稳、渗透及声发射特性,对煤岩失稳破坏进行预测,可以减少煤矿动力灾害。

3.1 煤样的采集与制备

现场采取平顶山天安煤业股份有限公司八矿己$_{15}$-21030工作面的大块新鲜煤样,密封保存运至煤样加工室,按实验要求制作成 ϕ50 mm×100 mm 的煤样。加工过程中煤样的切割要沿一个层理方向,以减少后期实验的影响因素,最终加工成型煤样如图 3-1 所示。

（a）打磨成型   （b）密封储存

图 3-1 加工成型煤样

另外,将现场采取的一个煤样送到实验室进行工业分析,测定煤的水分、灰分、挥发分、真密度、视密度和瓦斯吸附常数,测定结果如表 3-1 所示。

表 3-1 煤样工业分析结果

采样地点	吸附常数		水分/%	灰分/%	挥发分/%	真密度/(g/cm³)	视密度/(g/cm³)
	a/(m³/t)	b/MPa^{-1}					
己$_{15}$-21030 工作面	26.588	0.546	1.67	7.46	33.42	1.41	1.34

由表 3-1 可知,实验煤样的水分为 1.67%,灰分为 7.46%,挥发分为 33.42%,真密度为 1.41 g/cm³,视密度为 1.34 g/cm³,吸附常数 a=26.588 m³/t、b=546 MPa^{-1}。

3.2　实验系统介绍

3.2.1　煤岩三轴蠕变-渗流-吸附解吸实验装置

实验采用的煤岩三轴蠕变-渗流-吸附解吸实验装置是由河南理工大学自主研制的。该实验系统主要由三轴压力室、吸附-解吸-渗流系统、伺服加载系统、温度控制系统等部分组成。整套实验装置结构示意图如图 3-2 所示。图 3-3 为该实验系统实物图。

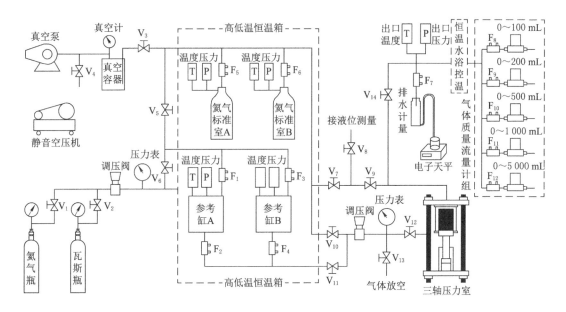

图 3-2　煤岩三轴蠕变-渗流-吸附解吸实验装置结构示意图[130]

（1）三轴压力室：图 3-3（a）所示为实物图，由基座、液压提升装置、压力室筒体、上压头、下压头、变形传感器等组成，另外配有轴向和径向变形测量引线，并留有进出气孔和接线孔等。

（2）吸附-解吸-渗流系统：图 3-3（b）所示为实物图，包括脱气单元、瓦斯气源、吸附-解吸-渗流单元、死空间及孔隙率测定单元和电气驱动控制单元，可以借助操作控制软件实现电气驱动自动控制，并全程记录瓦斯解吸量和渗流量。

（3）伺服加载系统：图 3-3（c）所示为实物图，包括围压加载系统、轴压加载系统和计算机控制软件三部分。该系统可以长时间（可以达到两个多月）稳定加载，并且控制精度高，故障率低，可根据实验设置加载速度，可满足不同的加载需求。

（4）温度控制系统：由高低温恒温箱、电磁加热圈、恒温水浴箱及气体管路外的隔热材料等部分组成，可以精确控制整套实验装置的温度，保证气体质量流量计中的气体与吸附-解吸-渗流系统和三轴压力室中的气体温度一致，避免温度偏差导致的实验误差。

该实验设备的主要技术参数指标如表 3-2 所示。

（a）三轴压力室

（b）吸附-解吸-渗流系统

（c）伺服加载系统

图 3-3　煤岩三轴蠕变-渗流-吸附解吸实验装置实物图

表 3-2　煤岩三轴蠕变-渗流-吸附解吸实验装置技术参数指标

技术参数	指标值
煤样尺寸	$\phi 50$ mm×100 mm
轴压控制范围	0～500 kN
围压控制范围	0～50 MPa
轴压加载速度	0.02～10 kN/s,精度为±1%
围压加载速度	0.005～0.1 MPa/s
位移控制加载速度	0.01～100 mm/min
变形加载速度	0.01～2 mm/min
轴向与径向变形测控范围	0～15 mm,0～7 mm
轴向与径向变形的测量分辨率	0.5 μm,0.2 μm,精度为±0.5%
温度控制范围	0～90 ℃,精度为±0.5 ℃
温度传感器量程	−10～100 ℃,精度为±0.1 ℃
压力机总体刚度	≥5 000 kN/mm

3.2.2　CDAE-1 声发射监测实验系统

实验所用的 CDAE-1 声发射监测实验系统是由北京科海恒生科技有限公司生产的。该系统由声发射传感器、前置放大滤波器及信号处理系统三部分组成。该实验系统实物图如图 3-4 所示。

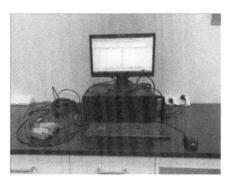

图 3-4　CDAE-1 声发射监测实验系统实物图

（1）声发射传感器：由四部分构成，分别为敏感元件（直接接收设备信号）、转换元件（将敏感元件输出的设备信号转换为电信号）、变换电路及辅助电源。传感器的两个探头通过胶布直接固定在需要监测的样品上。当样品发出信号之后，传感器监测到信号，迅速将信号传递出去，实现快速准确监测传递。

（2）前置放大滤波器：可将传感器传递的微弱信号进行倍级放大并传递到信号处理系统。前置放大滤波器的最大优点是能自动屏蔽外界干扰信号。

（3）信号处理系统：对接收到的信号进行提取、变换、分析、综合处理，并将其展现在显示器的操控软件中。一般情况下，信号处理方法分为三类：第一类按确定信号处理，主要包括参数时域法、波形时域法、频域法；第二类按随机信号处理；第三类其他法，主要包括 Kaiser 效应法、Felicity 效应法、空间定位法以及现代瞬态信号处理法等。该实验主要采用确定信号处理法。

CDAE-1 声发射监测实验系统的主要技术参数指标如表 3-3 所示。

表 3-3　CDAE-1 声发射监测实验系统主要技术参数指标

技术参数	指标值
AE 模拟信号输入幅度	$V_{\max} \leqslant 20V_{\text{p-p}}$
AE 输入阻抗	50 Ω
AE 信号滤波	100～300 kHz 带通
AE 信号峰值幅度	20～96.3 dB
频率响应	10 kHz～3 MHz，精度为 ±1.0 dB
信号到达时间	分辨率为 100 ns，最长 325 d
峰前计数值	分辨率为 1，长度为 65 535
计数值	分辨率为 1，长度为 4 294 967 295
上升时间	分辨率为 ADC 采样周期，长度为 65 535 个 ADC 采样周期
持续时间	分辨率为 ADC 采样周期，长度为 4 294 967 295 个 ADC 采样周期

3.2.3 受载煤岩工业 CT 扫描实验系统

实验采用的受载煤岩工业 CT 扫描实验系统产自美国通用电气有限公司,由煤岩三轴加载机械平台和工业显微 CT 扫描实验设备两部分组成。该实验系统能实现三轴加载、单轴加载和非受载三种条件下煤岩样品的三维细观结构扫描[131]。该实验系统的特点是:剂量大,焦点小,穿透能力强,精度高,不破坏样品,能实现各种非金属材料内部结构扫描。受载煤岩工业 CT 扫描实验系统如图 3-5 所示。

(a)煤岩三轴加载机械平台　　　　　　　(b)工业显微CT扫描实验设备

图 3-5　受载煤岩工业 CT 扫描实验系统

该实验系统的主要技术参数指标如表 3-4 所示。

表 3-4　受载煤岩工业 CT 扫描实验系统主要技术参数指标

技术参数	指标值
加载条件下煤岩试样尺寸	$\phi 50\ mm \times 100\ mm$,$\phi 25\ mm \times 50\ mm$
非受载条件下煤岩试样最大尺寸	$\phi 230\ mm \times 420\ mm$
温度控制器控制范围	$0 \sim 80\ ℃$,精度为$\pm 0.5\ ℃$
轴向最大压力	100 kN,精度为 1%F.S.
轴向最大位移	20 mm
位移传感器精度	1%F.S.
轴向位移速率	$0.01 \sim 3\ mm/min$
最大围压	30 MPa,精度为 1%F.S.
高对比度非晶硅数字平板探测器有效尺寸	404.8 mm×404.8 mm(长×宽)
转台最大承重	30 kg

3.3　实验方案的制定

前人研究含瓦斯煤样的力学失稳、渗透及声发射特性时,将实验参数设置得较小,围压多为 3 MPa 左右,对温度的研究很少,多将温度设置为固定值,只对围压和瓦斯压力进行研究。本书为了研究深部煤体含瓦斯煤样的力学失稳、渗透及声发射特性,设定围压、瓦斯压力和温度三个实验变量,拟定了如表 3-5 所示的实验方案,具体的实验步骤如下。

表 3-5 实验方案

煤样编号	质量/g	尺寸	轴压/MPa	围压/MPa	瓦斯压力/MPa	温度/℃	轴压加载速率/(N/s)	围压加载速率/(N/s)
Q-1	259.25	ϕ49.62 mm×99.50 mm	12	6	1.4	25	40	20
Q-2	260.21	ϕ49.60 mm×99.60 mm	12	8	1.4	25	40	20
Q-3	257.99	ϕ49.52 mm×99.10 mm	12	10	1.4	25	40	20
Q-4	257.84	ϕ49.56 mm×100 mm	12	12	1.4	25	40	20
Q-5	255.93	ϕ49.60 mm×99.50 mm	12	8	1.0	25	40	20
Q-6	260.79	ϕ49.48 mm×99.70 mm	12	8	1.8	25	40	20
Q-7	263.50	ϕ49.60 mm×99.88 mm	12	8	2.2	25	40	20
Q-8	260.75	ϕ49.60 mm×100 mm	12	8	1.4	35	40	20
Q-9	260.22	ϕ49.62 mm×100 mm	12	8	1.4	45	40	20
Q-10	259.45	ϕ49.58 mm×99.88 mm	12	8	1.4	55	40	20

(1)将煤样放入工业显微 CT 扫描实验设备中,扫描原始煤样内部裂隙的空间分布、形态和数量等信息。

(2)将煤样装入三轴压力室内,在上下压头及煤样壁上涂抹 704 硅胶,并用热缩管包裹煤样,干燥 10 h 以上。将三轴压力室密封充油,连接渗流装置,抽真空。

(3)将围压加载至 8 MPa,轴压加载至 12 MPa,调试实验温度至 25 ℃,温度达到预定值后至少恒温 2 h。在管路中充入压力为 1.4 MPa 的瓦斯气体,待实验煤样吸附 12 h 以上且参考缸 A 上的压力表读数不再变化,记录此时的压力;打开出气口阀门,待气体流量稳定后,使用计算机控制软件每 6 s 记录一次瓦斯流量。

(4)逐渐改变轴压至煤样破坏,在此过程中开展声发射实验。将破坏的煤样再次放入工业显微 CT 扫描实验设备中,重新扫描煤样内部裂隙的空间分布、形态和数量等信息。

(5)只改变温度,将所有温控装置的温度分别调至 35 ℃、45 ℃、55 ℃,重复(1)—(4)的实验步骤。

(6)只改变瓦斯压力,将瓦斯压力分别调至 1.0 MPa、1.8 MPa、2.2 MPa,重复(1)—(4)的实验步骤。

(7)只改变围压,将围压分别调至 6 MPa、10 MPa、12 MPa,重复(1)—(4)的实验步骤。

3.4 松软煤层含瓦斯煤样力学失稳特性实验研究

3.4.1 不同围压下含瓦斯煤样力学失稳特性实验研究

对固定瓦斯压力为 1.4 MPa 和温度为 25 ℃、不同围压水平(6 MPa、8 MPa、10 MPa、12 MPa)的 4 个煤样进行三轴压缩实验,得到煤样在不同围压下的应力-应变曲线,如图 3-6 所示,三轴压缩实验结果如表 3-6 所示。

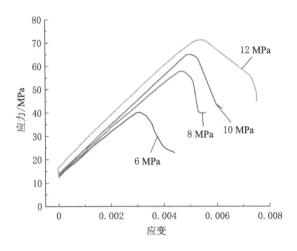

图 3-6　煤样在不同围压下的应力-应变曲线

表 3-6　煤样三轴压缩实验结果

煤样编号	围压/MPa	峰值强度/MPa	峰值应变	弹性模量/MPa
Q-1	6	43.23	0.003 59	14 834
Q-2	8	57.85	0.004 63	16 515
Q-3	10	64.99	0.005 04	17 957
Q-4	12	71.27	0.005 42	21 519

根据表 3-6 的内容,绘制含瓦斯煤样力学参数随围压变化曲线图,如图 3-7 所示。

由图 3-7(a)可知,瓦斯压力和温度一定时,随着围压的增加,含瓦斯煤样的峰值强度逐渐增加,可见煤样的抗压能力随着围压的增加而变强。这是因为煤样裂隙面之间的摩擦力随着围压的增加而增大,其在一定程度上抑制了煤样的变形破坏,同时围压的增加使煤的黏聚力增加。含瓦斯煤样的峰值强度与围压呈线性关系,其拟合方程为:$\sigma_1 = 18.268 + 4.563\sigma_3$,$R^2 = 0.932\ 7$。

由图 3-7(b)可知,瓦斯压力和温度一定时,随着围压的增加,含瓦斯煤样的峰值应变由0.003 59逐渐增加至 0.005 42。煤样的应力-应变曲线反映了煤样在不同应力状态下的变形特征,围压的增加抑制了煤样的变形破坏,煤的抗压能力变强,所以煤样的峰值应变会随着围压增加而变大。通过拟合发现,含瓦斯煤样的峰值应变与围压之间具有一定的线性关系,其拟合方程为:$\varepsilon_s = 0.002\ 18 + 0.000\ 28\sigma_3$,$R^2 = 0.917\ 8$。

由煤样的应力-应变曲线可以获得弹性模量等变形参数。材料在弹性变形阶段,其应力和应变呈正比关系即符合胡克定律,比例系数称为弹性模量[132]。由图 3-7(c)可知,瓦斯压力和温度一定时,随着围压增加,含瓦斯煤样的弹性模量逐渐增大。这是因为,一般煤岩体的内部都存在大量的缺陷,如相互交错的裂隙等,围压增大使煤样内部孔裂隙等压密闭合,煤样的致密程度提高、刚度增加,进而煤样的弹性模量增大。含瓦斯煤样的弹性模量与围压之间具有一定的指数关系,拟合方程为:$E = 425.167\ 4e^{0.248\ 3\sigma_3} + 13\ 092.496\ 6$,$R^2 = 0.927\ 8$。

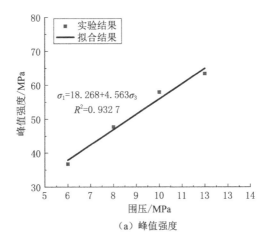

（a）峰值强度

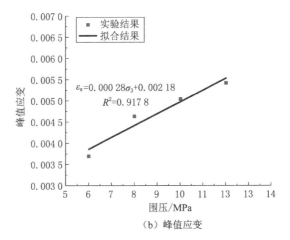

（b）峰值应变

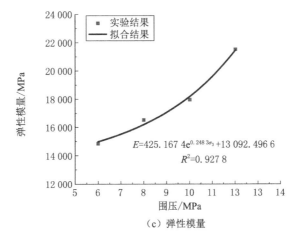

（c）弹性模量

图 3-7　含瓦斯煤样力学参数随围压变化曲线

3.4.2 不同瓦斯压力下含瓦斯煤样力学失稳特性实验研究

对固定围压为 8 MPa 和温度为 25 ℃、不同瓦斯压力水平(1.0 MPa、1.4 MPa、1.8 MPa、2.2 MPa)的 4 个煤样进行三轴压缩实验,得到煤样在不同瓦斯压力下的应力-应变曲线,如图 3-8 所示,三轴压缩实验结果如表 3-7 所示。

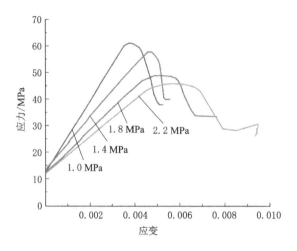

图 3-8　煤样在不同瓦斯压力下的应力-应变曲线

表 3-7　煤样三轴压缩实验结果

煤样编号	瓦斯压力/MPa	峰值强度/MPa	峰值应变	弹性模量/MPa
Q-5	1.0	61.13	0.003 73	18 526
Q-2	1.4	57.85	0.004 63	16 515
Q-6	1.8	49.03	0.005 09	13 509
Q-7	2.2	45.94	0.005 60	12 661

根据表 3-7 的内容,绘制含瓦斯煤样力学参数随瓦斯压力变化曲线图,如图 3-9 所示。

由图 3-9(a)可知,围压和温度一定时,随着瓦斯压力的增加,含瓦斯煤样的峰值强度逐渐减小。形成这种现象的原因有两点:一是裂隙内游离瓦斯变化造成煤样的有效围压变化,煤样的峰值强度随有效围压的改变而改变;二是煤样内的吸附瓦斯产生了非力学作用,煤吸附瓦斯后,煤的表面自由能降低,裂隙更易扩展,煤的黏聚力降低,从而导致煤样的承载能力降低,同时吸附在煤基质间裂隙表面的瓦斯会形成吸附膜,吸附膜会降低煤的摩擦阻力,也会降低煤的强度。可见,瓦斯压力对煤岩的抗剪强度具有重要影响。含瓦斯煤样的峰值强度与瓦斯压力之间具有很好的线性关系,拟合方程为:$\sigma_1 = 75.249\,5 - 13.601\,27p$,$R^2 = 0.938\,2$。

由图 3-9(b)可知,围压和温度一定时,随着瓦斯压力的增加,含瓦斯煤样的峰值应变逐渐增加。这是因为瓦斯压力的增加使煤样的瓦斯吸附量增加,造成裂隙的扩展和新生,同时吸附膜的存在降低了煤的摩擦阻力,使煤的变形量增加。将实验得到的数据进行拟合,发现含瓦斯煤样的峰值应变与瓦斯压力的线性关系最强,拟合公式为:$\varepsilon_s = 0.001\,54p + 0.002\,26$,$R^2 = 0.983\,8$。

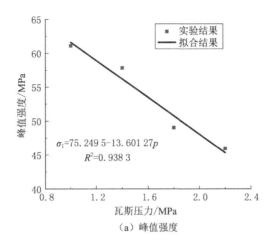

（a）峰值强度

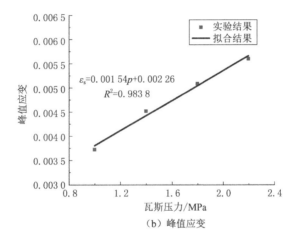

（b）峰值应变

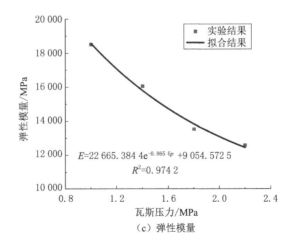

（c）弹性模量

图 3-9 含瓦斯煤样力学参数随瓦斯压力变化曲线

由图 3-9(c)可知,围压和温度一定时,随着瓦斯压力的增加,含瓦斯煤样的弹性模量逐渐减小。这是因为瓦斯压力的增加降低了煤的摩擦阻力和黏聚力,造成煤样孔裂隙加大,煤样刚度降低。含瓦斯煤样的弹性模量与瓦斯压力之间具有很好的线性关系,拟合公式为:$E = 22\,665.384\,4e^{-0.865\,6p} + 9\,054.572\,5, R^2 = 0.974\,2$。

3.4.3 不同温度下含瓦斯煤样力学失稳特性实验研究

对固定围压为 8 MPa 和瓦斯压力为 1.4 MPa、不同温度水平(25 ℃、35 ℃、45 ℃、55 ℃)的 4 个煤样进行三轴压缩实验,得到煤样在不同温度下的应力-应变曲线,如图 3-10 所示,三轴压缩实验结果如表 3-8 所示。

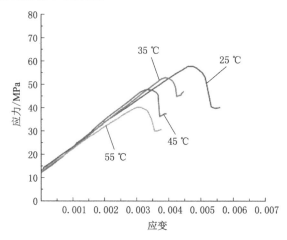

图 3-10　煤样在不同温度下的应力-应变曲线

表 3-8　煤样三轴压缩实验结果

煤样编号	温度/℃	峰值强度/MPa	峰值应变	弹性模量/MPa
Q-2	25	57.85	0.004 63	16 515
Q-8	35	53.03	0.003 88	19 436
Q-9	45	47.88	0.003 30	20 867
Q-10	55	40.23	0.003 09	22 104

根据表 3-8 的内容,绘制含瓦斯煤样力学参数随温度变化曲线图,如图 3-11 所示。

由图 3-11(a)可知,围压和瓦斯压力一定时,随着温度升高,含瓦斯煤样的峰值强度逐渐减小。这是因为随着温度升高,煤的吸附能力降低,瓦斯解吸量增加,瓦斯分子活性增加,游离的瓦斯抵消了部分主应力,使煤样承压能力降低,表现为煤样的峰值强度减小。含瓦斯煤样的峰值强度与温度之间具有一定的指数关系,拟合公式为:$\sigma_1 = -8.073\,8e^{0.025\,45t} + 72.981\,4, R^2 = 0.997\,2$。

由图 3-11(b)可知,围压和瓦斯压力一定时,随着温度的升高,含瓦斯煤样的峰值应变逐渐减小。这是由于温度升高,煤基质会发生膨胀,煤样在相同应力条件下的变形量减小,同时由于煤样的抗压能力弱化,煤样的峰值应变会随着温度的升高而减小。将实验得到的数据进行线性拟合,由拟合结果可知,含瓦斯煤样的峰值应变与温度之间存在一定的指数关系,拟合公式为:$\varepsilon_s = 0.007\,12e^{-0.050\,4t} + 0.002\,62, R^2 = 0.988\,3$。

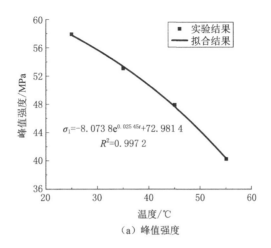

（a）峰值强度

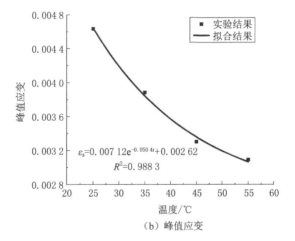

（b）峰值应变

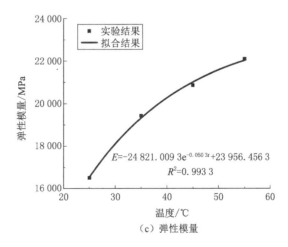

（c）弹性模量

图 3-11 含瓦斯煤样力学参数随温度变化曲线

由图 3-11(c)可知,围压和瓦斯压力一定时,随着温度的升高,含瓦斯煤样的弹性模量逐渐增大。这是因为温度升高,煤基质膨胀,在相同的应力环境下煤的变形量减小,煤样的潜在弹性能在煤样内部不断聚集不能释放,这就造成了弹性模量的增加。含瓦斯煤样的弹性模量与温度之间具有一定的指数关系,拟合公式为:$E = -24\ 821.009\ 3e^{-0.050\ 3t} + 23\ 596.456\ 3$,$R^2 = 0.993\ 3$。

3.4.4 煤样的裂隙演化规律和破坏形式研究

煤是一种多孔介质,除煤基质以外,存在孔隙、裂隙等微观结构,孔隙是煤基质集合体中的空白部分,裂隙是煤基质集合体之间的断裂构造。借助受载煤岩工业 CT 扫描实验系统,能够得到反映三轴破坏实验前后煤样内部裂隙的空间分布、形态和数量等信息变化的扫描结果,由此可以研究含瓦斯煤样的裂隙演化规律,进而研究三轴压缩条件下煤样的破坏形式。

图 3-12 所示是本次实验的基本扫描参数。借助 VGStudio MAX 图像处理软件,绘制了三轴压缩实验前后的煤样内部 X、Y、Z 轴正方向的切面图,如图 3-13 至图 3-15 所示(扫描图中二维码获取彩图,下同)。

Geometry	
Magnification	3.420502
Voxel size	58.470947 μm
FOD	275.593933 mm
FDD	942.669678 mm
Acquisition	
Number of images	1200
Image width	2024 pixel
Image height	2024 pixel
Fast scan	0
Detector	
Type	DXR-250
Timing	2000.129000 ms
Averaging	1
Skip frames	0
X-Ray	
Voltage	120 kV
Current	100 μA
Tube mode	0
Filter	Unknown
CNC	
XS	0.000000 mm
YS	-140.026688 mm
ZS	275.593938 mm
XD	0.000000 mm
YD	0.000000 mm
ZD	0.000000 mm

图 3-12　基本扫描参数

工业显微 CT 扫描得到的图像是密度图像,高密度区显示为白色,表示煤中矿物类物质,灰色表示煤基质,黑色低密度区表示煤中裂隙。通过 CT 图像可以分析煤样内部裂隙发育程度[131,133],可以非常清晰地看到煤样内部和表面存在的裂隙结构。

由图 3-13、图 3-14 和图 3-15 可知:煤样破坏后裂隙网络发育明显,且 X、Y、Z 轴正方向的切面图都存在多条明显的裂纹;由煤样内部 X 和 Z 轴正方向的切面图发现,三轴压缩实验后,有一条沿层理方向发育蜿蜒曲折且宽度较大的主裂纹,以及与之贯通的多条细小裂

（a）实验前　　　　　　　　　　　（b）实验后

图 3-13　三轴压缩实验前后的煤样内部 X 轴正方向的切面图

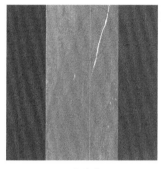

（a）实验前　　　　　　　　　　　（b）实验后

图 3-14　三轴压缩实验前后的煤样内部 Y 轴正方向的切面图

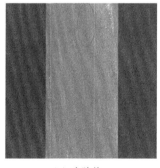

（a）实验前　　　　　　　　　　　（b）实验后

图 3-15　三轴压缩实验前后的煤样内部 Z 轴正方向的切面图

纹；由煤样内部 Y 轴正方向的切面图发现，三轴压缩实验后，存在多条裂纹，其宽度和长度相近，且有明显的矿物质切线和大块的矿物质切面。可以预测，该煤样裂纹由主裂纹、支裂纹和其他裂纹组成，在三维空间上构成了错综复杂的网状裂纹结构。

图 3-16 所示为三轴压缩实验前后的煤样内部 X、Y、Z 轴正方向的三维立体外观图。由图 3-16 可知：煤样沿竖直方向有明显的层理结构，由此推断该煤样是沿着平行于层理方

向钻取的;实验前后的煤样表面都存在裂纹,只是实验前煤样表面的裂纹短且少,而实验后的煤样表面裂纹明显增多,且有长有短,好多都是贯通的。

 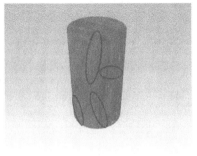

（a）实验前 （b）实验后

图 3-16　三轴压缩实验前后的煤样三维立体外观图

由图 3-17(a)可以发现,进行三轴压缩实验之前,煤样就存在少量体积较小的较为分散的裂隙,最大裂纹体积为 9.6 mm³。由图 3-17(b)可以发现,进行三轴压缩实验之后,煤样的裂纹数量明显增多,裂纹分布空间较大且比较集中,最大裂纹体积为 2.8×10^2 mm³,是实验前的 29.17 倍。由于载荷的不断加大,原有裂纹扩展延伸为宽度较大的主裂纹,形成倾斜的断裂面(剪切面),附近伴有多条体积较大的支裂隙与主裂纹交叉贯通,剩余的大部分裂纹与主裂纹和支裂隙交叉贯通,裂纹的连通性较好,有很少的裂纹分散到其他位置没有与裂纹网连通,这样整体形成了裂纹损伤区。

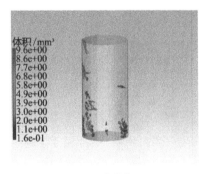 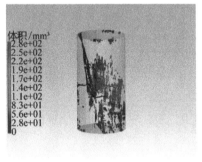

（a）实验前 （b）实验后

图 3-17　三轴压缩实验前后的煤样三维重构图

图 3-18 所示为煤样破坏形式图,从图中可以看出:含瓦斯煤样内部产生了明显的剪切滑移效应,两个剪滑面都有明显的划痕,剪滑面之间的煤体变成了煤粉和少量细小的煤粒;在三轴压缩条件下,含瓦斯煤样的破坏形式为"剪滑破坏"。

综上,在三轴压缩实验之前,煤样就存在少量分散的裂隙;在载荷作用下,煤样内部会产生新裂隙,原有裂隙会扩展、贯通、断裂;当轴向应力达到并超过煤样的抗压强度后,煤样失稳发生"剪滑破坏"而永久损伤。以上对煤样裂隙演化规律和破坏形式的研究可以为渗透特性的研究奠定基础。

(a)   (b)   (c)

图 3-18 　煤样破坏形式图

3.5　松软煤层含瓦斯煤样渗透特性实验研究

渗透率是研究含瓦斯煤样渗透特性的最基础最直观的参数,目前在众多含瓦斯煤样渗透率的实验中,计算渗透率的方法主要有两种:稳态法和瞬态法[134]。本书实验假设煤样中的瓦斯渗流符合达西定律,采用稳态法计算渗透率,渗透率 k 的计算公式如式(3-1)所示。

$$k = \frac{2Qp_0\mu L}{(p^2 - p_0^2)A} \tag{3-1}$$

式中　　k——渗透率,m^2;

$\quad\quad\ Q$——标准状况下瓦斯渗流量,m^3/s;

$\quad\quad\ \mu$——瓦斯气体动力黏度,取 1.08×10^{-5} Pa・s;

$\quad\quad\ L$——煤样长度,cm;

$\quad\quad\ A$——煤样横截面积,cm^2;

$\quad\quad\ p_0$——大气压力,Pa;

$\quad\quad\ p$——瓦斯进口端压力,Pa。

3.5.1　不同围压下含瓦斯煤样渗透特性实验研究

在固定瓦斯压力和温度的条件下,含瓦斯煤样的初始渗透率随围压的变化情况,如图 3-19 所示。

由图 3-19 可知,瓦斯压力和温度一定时,随着围压增加,含瓦斯煤样的初始渗透率逐渐减小,这符合实际煤矿开采中煤层渗透率的变化规律。这是因为煤样承受载荷时,煤样中的孔隙、裂隙会逐渐闭合,瓦斯气体的流通空间减小,所以渗透率会随着围压的增加而降低。含瓦斯煤样的初始渗透率与围压之间的关系可以用指数函数来拟合,拟合公式为:$k = 10.419\,6\mathrm{e}^{-0.061\,4\sigma_3}$,$R^2 = 0.995\,7$。

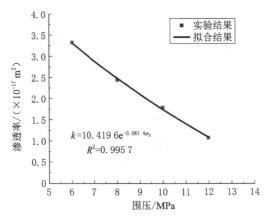

图 3-19　含瓦斯煤样的初始渗透率随围压变化曲线

3.5.2　不同瓦斯压力下含瓦斯煤样渗透特性实验研究

在固定围压和温度的条件下,含瓦斯煤样的初始渗透率随瓦斯压力的变化情况,如图 3-20所示。

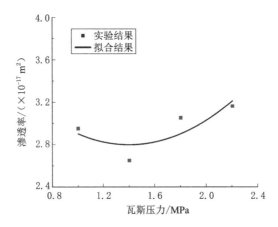

图 3-20　含瓦斯煤样的初始渗透率随瓦斯压力变化曲线

由图 3-20 可知,围压和温度一定时,随着瓦斯压力的增加,含瓦斯煤样的初始渗透率先减小后增大,曲线似"V"字形,这是克林肯贝格效应导致的。克林肯贝格效应即气体分子在固体壁面上滑流现象。随着瓦斯压力的增加,煤样吸附气体量增多,克林肯贝格效应逐渐增强,阻碍瓦斯气体在煤样中的渗透,从而导致含瓦斯煤样的初始渗透率逐渐降低;随着瓦斯压力继续增加直至超过某一临界值时,克林肯贝格效应失去控制地位,瓦斯压力主导含瓦斯煤样渗透率变化,渗透率逐渐回升。同时可以得出,在围压为 8 MPa,$p < 1.4$ MPa 时煤样有明显的克林肯贝格效应;含瓦斯煤样的初始渗透率随瓦斯压力的增加速度相对其减小速度要小。

3.5.3　不同温度下含瓦斯煤样渗透特性实验研究

在固定围压和瓦斯压力的条件下,含瓦斯煤样的初始渗透率随温度的变化情况,如图 3-21所示。

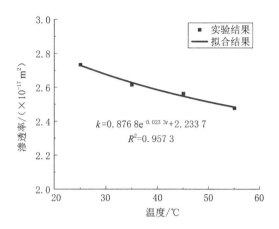

图 3-21 含瓦斯煤样的初始渗透率随温度变化曲线

含瓦斯煤样的初始渗透率随着温度的升高而降低；温度越高，含瓦斯煤样的初始渗透率变化趋势越平缓。分析原因为，温度升高造成煤体颗粒膨胀变形，煤基质体积变大，煤体内部可压缩空间随温度升高而减小，所以含瓦斯煤样的初始渗透率随温度的升高而降低；而温度越高煤体内部可压缩空间越小，所以温度越高，含瓦斯煤样的初始渗透率变化趋势越平缓。含瓦斯煤样渗透率与温度之间的关系可以拟合成指数函数，$k = 0.876\,8e^{-0.023\,3t} + 2.233\,7$，$R^2 = 0.957\,3$。

3.5.4 全应力-应变过程中含瓦斯煤样渗透率的变化规律研究

在三轴压缩条件下，对含瓦斯煤样进行渗流实验，将围压、轴压、瓦斯压力和温度设置到初始值后保持不变，以 0.2 mm/min 的恒定速度施加轴向准静态载荷至煤样破坏。所有渗透率-应变与应力-应变曲线如图 3-22、图 3-23 和图 3-24 所示。

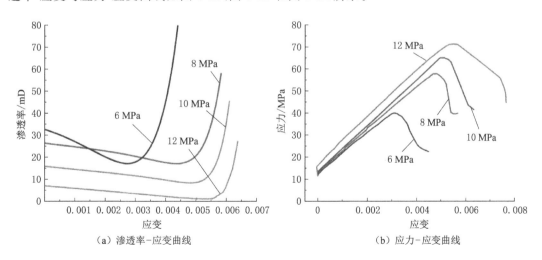

（a）渗透率-应变曲线　　　　　　　　　　　　（b）应力-应变曲线

图 3-22 不同围压下含瓦斯煤样渗透率-应变与应力-应变曲线

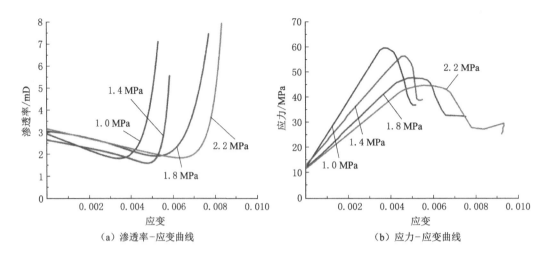

图 3-23　不同瓦斯压力下含瓦斯煤样渗透率-应变与应力-应变曲线

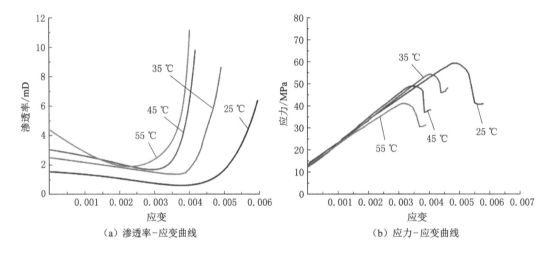

图 3-24　不同温度下含瓦斯煤样渗透率-应变与应力-应变曲线

由图 3-22、图 3-23 和图 3-24 可以看出：

（1）在所有含瓦斯煤样的整个变形破坏过程中，渗透率-应变曲线总体变化规律一致，呈"V"字形走势，渗透率随应变的增加先减小后增加，直至达到最大值。随着应力的增加，在压密阶段和弹性阶段，所有含瓦斯煤样的渗透率逐渐减小；进入屈服阶段和破坏阶段后，渗透率先降低到最小值然后逐渐增大；在峰值强度之后，应力迅速下降，渗透率迅速增大直到停止实验。

（2）所有含瓦斯煤样的最小渗透率发生在屈服点到峰值强度处之间，最小渗透率发生的应变点随着围压或瓦斯压力的增加而增大，最小渗透率发生的应变点随着温度的升高而减小。

3.6 松软煤层含瓦斯煤样声发射特性实验研究

在深部煤层开采过程中,煤体受力较大,情况复杂,煤岩体变形破坏及破坏过程中的声发射特性也极为复杂。利用能够模拟三轴应力状态的设备对含瓦斯煤样失稳破坏过程进行研究,同时监测声发射特征参数,理清含瓦斯煤样失稳破坏过程中声发射规律,为预判煤与瓦斯突出事故提供重要依据。

3.6.1 实验结果

在进行三轴压缩实验时,压力室充满液压油,能够较好地传播声信号、震动信号;传播距离较短,信号衰减可以不考虑;可尽量减小周围环境噪声对实验的影响。因此,可认为该实验系统比较完备。

实验采用振铃计数法,在实验时保证加载和声发射信号测量的同步性。根据实验数据,得到表 3-9 和图 3-25、图 3-26、图 3-27 所示的实验结果。

表 3-9　不同条件下含瓦斯煤样的声发射参数

煤样编号	轴压 /MPa	围压 /MPa	瓦斯压力 /MPa	温度 /℃	最大振铃计数/次	最大能量 /MPa	最大振幅 /dB
Q-1	12	6	1.4	25	25 832	63 269	94
Q-2	12	8	1.4	25	17 883	45 536	95
Q-3	12	10	1.4	25	14 241	35 960	97
Q-4	12	12	1.4	25	5 407	23 001	98
Q-5	12	8	1.0	25	24 583	74 692	93
Q-6	12	8	1.8	25	14 586	39 153	96
Q-7	12	8	2.2	25	12 715	36 920	97
Q-8	12	8	1.4	35	14 105	49 998	96
Q-9	12	8	1.4	45	11 899	54 423	97
Q-10	12	8	1.4	55	10 246	62 745	98

根据煤样的应力-应变曲线和声发射参数随时间的变化规律,可以将煤样受载破坏过程中的声发射特性划分为 4 个阶段,即声发射初始阶段、声发射平稳阶段、声发射活跃阶段、声发射残余阶段。

含瓦斯煤样的总体声发射规律为:在声发射初始阶段,声发射事件振铃计数、能量、振幅都较小,偶尔出现振铃计数、能量、振幅突增的现象;在声发射平稳阶段,声发射趋势比较平稳,声发射事件振铃计数、能量、振幅都相应增加;在声发射活跃阶段,前期声发射振铃计数急剧增加,能量、振幅也相应增加,当煤体失稳破坏后,变形增大,裂隙加密贯通,此时声发射振铃计数很大且能量和振幅都很高,煤样的声发射振铃计数、能量及振幅最大值出现在该阶段的峰值强度附近;在声发射残余阶段,仍然有少量声发射活动,但振铃计数和能量都较小,且振幅急剧减小。

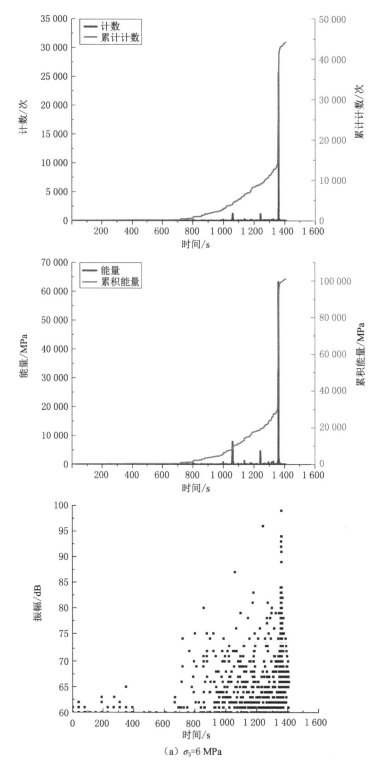

（a）σ_3=6 MPa

图 3-25　含瓦斯煤样围压变化时声发射计数、能量、振幅图

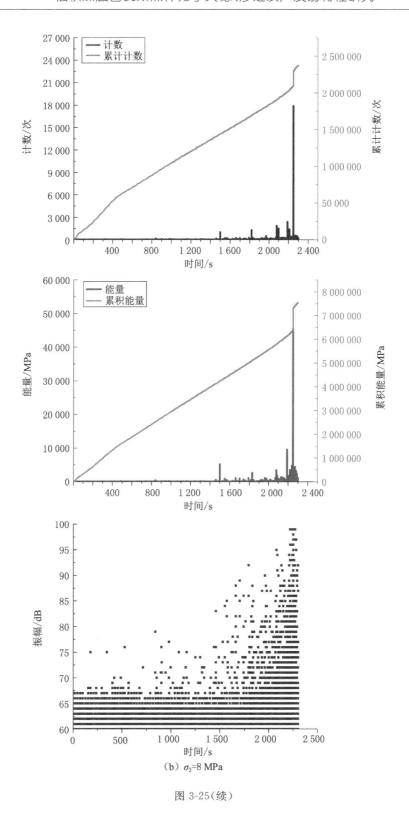

（b）σ_3=8 MPa

图 3-25（续）

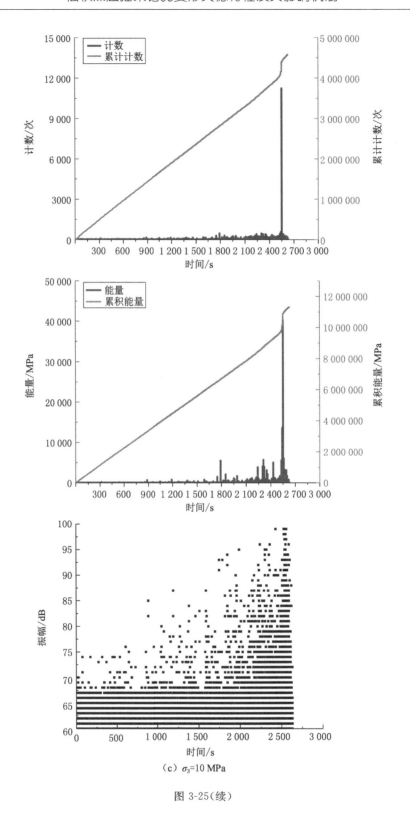

（c）σ_3=10 MPa

图 3-25（续）

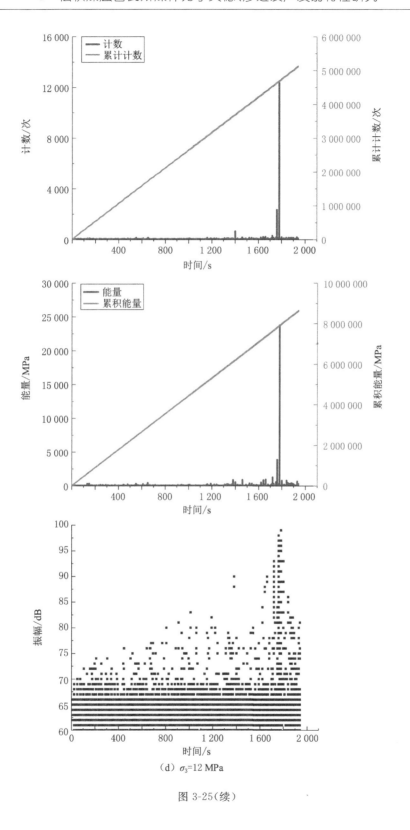

（d）σ_3=12 MPa

图 3-25（续）

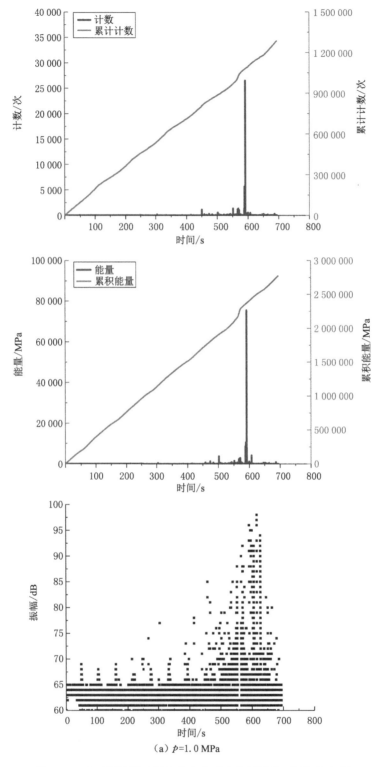

（a）p=1.0 MPa

图 3-26　含瓦斯煤样瓦斯压力变化时声发射计数、能量、振幅图

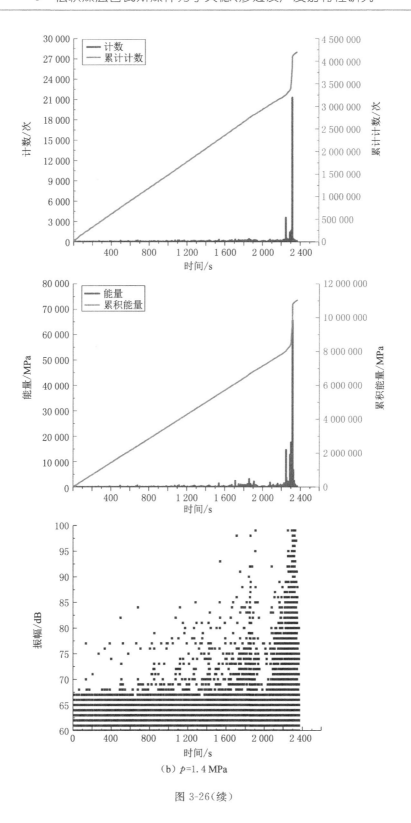

（b）p=1.4 MPa

图 3-26（续）

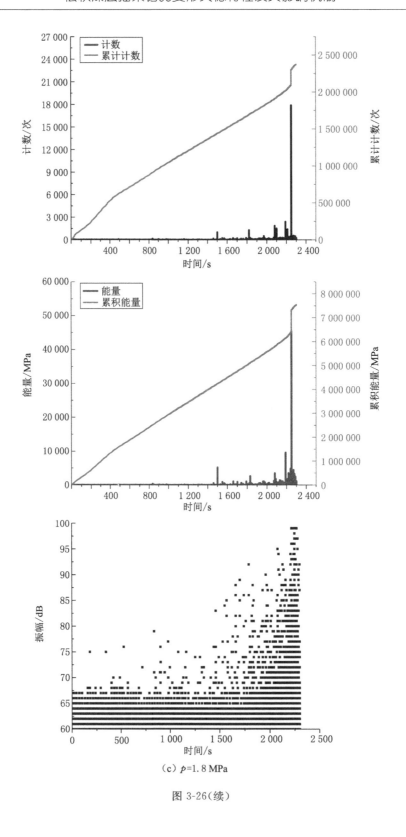

（c）p=1.8 MPa

图 3-26（续）

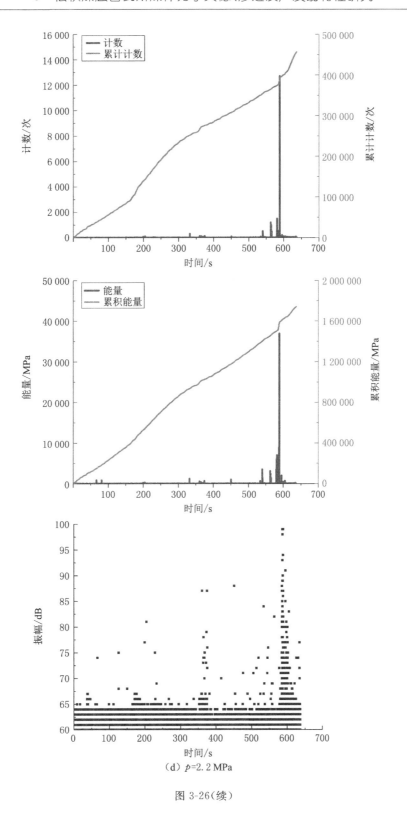

（d）p=2.2 MPa

图 3-26（续）

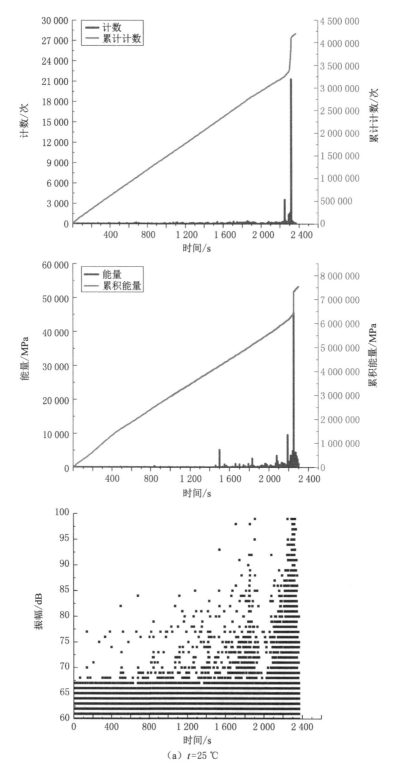

（a）$t=25\ ℃$

图 3-27 常规煤样温度变化时声发射计数、能量、振幅图

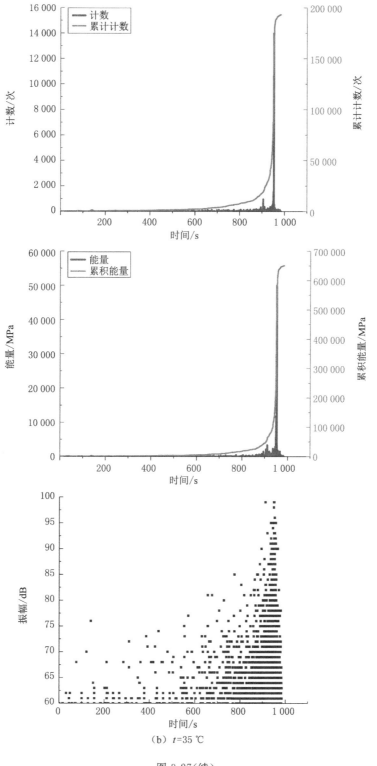

（b）$t=35$ ℃

图 3-27（续）

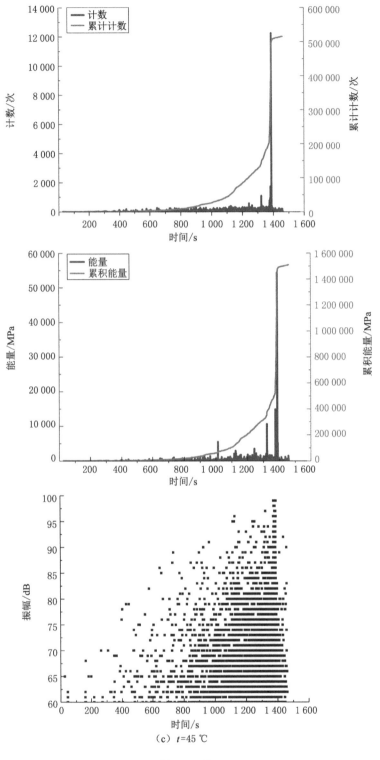

（c）t=45 ℃

图 3-27（续）

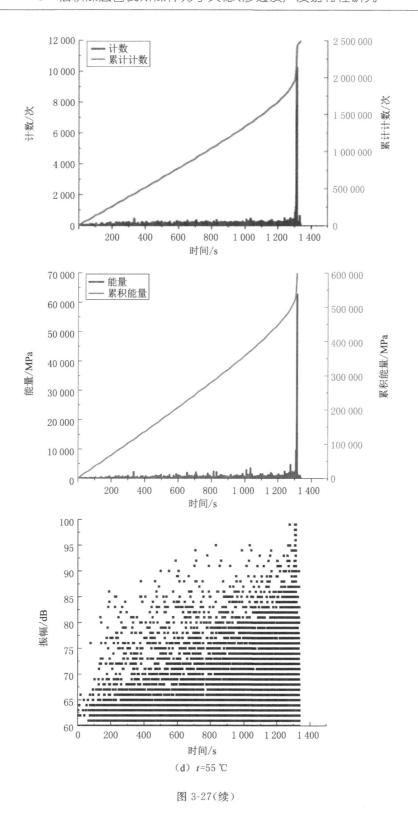

（d）t=55 ℃

图 3-27（续）

3.6.2 不同围压下含瓦斯煤样破坏过程中声发射特性研究

在含瓦斯煤样加载破坏过程中,改变围压,煤样的力学特性和渗透特性都会变化;对于煤样的声发射特性,围压仍具有明显的作用。根据图 3-25 和表 3-9 所示的实验结果,通过分析可以得到加载破坏过程中含瓦斯煤样声发射特性的围压效应。

对比围压 6 MPa、8 MPa、10 MPa、12 MPa 下含瓦斯煤样破裂时的振铃计数、能量和振幅可发现:随着围压增大,含瓦斯煤样破坏时的最大振铃计数和最大能量逐渐减小,最大振幅在 94~98 dB 区间变动,且每个煤样振幅大于 90 dB 的事件较少。由此推断,围压增加,煤样破坏时产生的裂纹减少,会抑制能量释放。分析其原因,随着围压的增加,煤样裂隙面之间的摩擦力增强,抑制了煤样的变形破坏;同时,煤的黏聚力增加,煤样的抗压能力变强,煤样变形越来越缓慢。

3.6.3 不同瓦斯压力下含瓦斯煤样破坏过程中声发射特性研究

改变瓦斯压力,煤样内吸附态和游离态瓦斯随之改变,煤样的力学、渗透特性发生变化,煤样的整个加载破坏过程受到影响,从而影响煤样的声发射特性。根据图 3-26 和表 3-9 所示的实验结果,通过分析可以得到加载破坏过程中含瓦斯煤样声发射特性的瓦斯压力效应。

含瓦斯煤样破坏过程中大振幅事件较少而小振幅事件较多。对比瓦斯压力 1.0 MPa、1.4 MPa、1.8 MPa、2.2 MPa 下含瓦斯煤样破坏过程的振铃计数、能量和振幅可发现:随着瓦斯压力的不断增加,声发射最大振铃计数减小,声发射事件最大能量减小,煤样破坏过程中的声发射最大振幅在 93~97 dB 区间波动且大振幅事件数逐渐减少。其原因可能是,瓦斯压力以有效力方式抵消外部应力的作用,真正作用在煤样上的力比实际的要小,随着瓦斯压力的增加,煤样变形越来越缓慢。

3.6.4 不同温度下含瓦斯煤样破坏过程中声发射特性研究

温度升高,对煤样的破坏具有一定影响,那么对受载破坏过程中的煤样势必也会有所影响。根据图 3-27 和表 3-9 所示的实验结果,通过分析可以得到加载破坏过程中含瓦斯煤声发射特性的温度效应。

对比温度为 25 ℃、35 ℃、45 ℃、55 ℃下含瓦斯煤样破裂时的振铃计数、能量和振幅可发现:随着温度升高,含瓦斯煤样破坏时的最大振铃计数减小,最大能量增大,最大振幅在 95~98 dB 区间波动。分析其原因为,温度升高,煤基质受热膨胀,煤样内部孔裂隙逐渐减小闭合,煤样在破坏时产生的裂纹变少;煤样能量累积,破坏时释放的能量增加。

4　松软煤层抽采钻孔变形失稳影响因素研究

4.1　FLAC3D 数值模拟软件介绍

　　FLAC 是 Fast Lagrangian Analysis of Continua 的简写。FLAC3D 程序是由美国明尼苏达大学和美国 ITASCA 公司共同开发的仿真计算软件。FLAC3D 软件内置有空模型、3 种弹性模型(各向同性模型、正交各向异性模型和横向各向同性模型)及 7 种塑性模型(德鲁克-普拉格模型、莫尔-库仑模型、应变硬化/软化模型、多节理模型、双线性应变硬化/软化多节理模型、D-Y 模型和修正的剑桥模型)。另外,其中内嵌有强大的语言,方便用户创建自己的本构关系。FLAC3D 能够模拟计算处于三维空间的岩土体及其他材料中工程结构的力学特性与变形形态,被广泛应用在岩土工程及工业界。我国首次引进该软件是在 20 世纪 90 年代中期,就目前而言,该软件已经在土建、交通、采矿等工业部门及高校和研究院所被广泛应用。

　　FLAC3D 采用有限差分的快速拉格朗日分析法和混合-离散分区技术,能够非常准确地模拟材料的塑性破坏和流动;无须形成刚度矩阵,通过输入模型需要的体积模量、剪切模量、密度、抗拉强度等岩石力学参数来完成计算。因此,该软件基于较小内存空间就能够求解大范围的三维问题。同其他软件相比,其特有的优势显现在材料的弹塑性、大变形分析以及模拟施工等方面。图 4-1 是 FLAC3D 计算循环图。运用 FLAC3D 软件数值模拟的基本步骤如下:① 建立模型;② 定义边界条件;③ 编写命令,进行模拟计算;④ 处理并分析模拟结果。

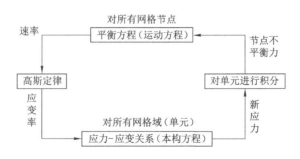

图 4-1　FLAC3D 计算循环图

4.2　数值模型的建立

本书以平顶山天安煤业股份有限公司八矿已$_{15}$-21030 工作面为背景建立模型。该工作面为已一采区首采工作面,位于已一采区中部,西起采区下山,东至国铁保护煤柱,南、北部尚未开发,地面标高为＋75～＋90 m。已$_{15}$煤层区段标高－728～－840 m,埋深803～930 m。工作面按综采工作面布置,采高 3.5 m,平均面长 183 m,可采走向长度 1 368 m,储量 89.6 万 t。煤层倾角一般在 5°～15°之间。已$_{15}$煤层直接顶为砂质泥岩,含植物叶片化石,距煤层顶面 0.8 m 左右有一层 0.01～0.15 m 厚的煤线;直接底为深灰色砂质泥岩与细砂岩互层,含植物根部化石,顶部有 0.1～0.2 m 厚的碳质泥岩。该工作面属突出危险工作面。瓦斯抽采是重要的防突措施之一,研究抽采钻孔变形失稳的影响因素有利于提高瓦斯抽采的效果,保障煤矿安全生产。

运用 FLAC3D 软件,采用莫尔-库仑模型,建立 2 m×2 m×5 m 的三维模型,采用 null 单元在模型中部模拟直径为 94 mm 的钻孔,模型总共 840 000 个单元,855 408 个节点。图 4-2 是数值模型图,表 4-1 是根据第 3 章的基础参数和煤矿实际情况确定的相关物理参数。

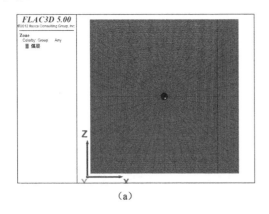
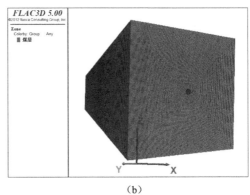

（a）　　　　　　　　　　　　　　　　（b）

图 4-2　数值模拟计算模型

表 4-1　煤层物理参数

体积模量/MPa	剪切模量/MPa	黏聚力/MPa	抗拉强度/MPa	内摩擦角/(°)	密度/(kg/m³)
1 650	600	0.6	0.05	28	1 340

通过以上建立的模型研究不同埋深、不同侧压系数、不同孔径、不同瓦斯压力及有无筛管情况下深部煤层的钻孔变形失稳情况,确定影响抽采钻孔变形失稳的主控因素。

4.3　实验-模拟对比

为了验证实验和模拟的相关性,以实验条件为背景,模拟围压为 6 MPa,轴压为 12 MPa,瓦斯压力为 1.4 MPa 时的实验条件。运用 FLAC3D 模拟软件,建立直径为

50 mm、长度为 100 mm 的圆柱体,模型总共 128 000 个单元,129 681 个节点。数值模型图及相关物理参数如图 4-3 和表 4-1 所示。

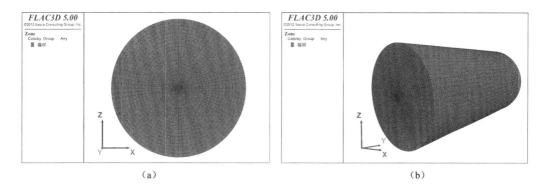

（a） （b）

图 4-3　数值模型

在模拟过程中记录数据,运用 Excel 处理数据得到如图 4-4 所示的应力-应变曲线,数据点为相同条件下三轴压缩实验得到的应力-应变数据,表 4-2 为模拟和实验对比结果。

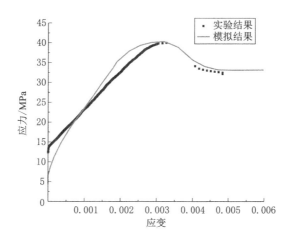

图 4-4　实验和模拟得到的应力-应变曲线

表 4-2　模拟和实验结果对比

	模拟	实验	误差/%
峰值强度/MPa	41.79	43.23	3.45
峰值应变	0.003 40	0.003 59	5.59

由图 4-4 和表 4-2 可以看出,模拟和实验误差非常小,均在 10% 以内。这证明了模拟的正确性和实验的准确性。所以采用该方法模拟煤层实际情况是可取的,模拟得到的结果是正确的。

4.4 深部煤层抽采钻孔变形失稳影响因素研究

4.4.1 钻孔埋深对钻孔稳定性的影响

为研究深部煤体抽采钻孔在不同埋深下的变形失稳情况,数值分析了埋深为 600 m、800 m、1 000 m 及 1 200 m 时,侧压系数为 1,钻孔直径为 94 mm,瓦斯压力为 1.4 MPa,无支护条件下,钻孔垂直位移、水平位移、垂直应力及塑性区等分布规律。

(1)埋深对钻孔围岩垂直位移和水平位移的影响

埋深为 600 m、800 m、1 000 m 及 1 200 m 时,钻孔围岩垂直位移和水平位移分布情况如图 4-5 和图 4-6 所示。

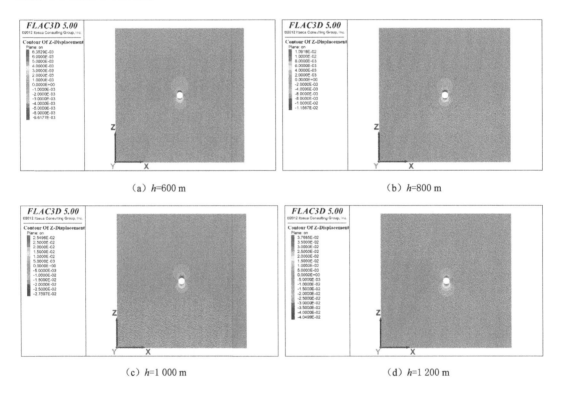

(a) h=600 m　　　　　　　　　　　(b) h=800 m

(c) h=1 000 m　　　　　　　　　　(d) h=1 200 m

图 4-5　钻孔围岩垂直位移随埋深变化云图

由图 4-5 和图 4-6 可知,随着埋深的增加,最大垂直位移和最大水平位移不断增加,这表明钻孔围岩的变形随埋深增加而不断增加。由图 4-6 中折线的斜率可以看出,800 m 以浅位移增加缓慢,800 m 以深位移增加较快。当埋深为 1 200 m 时,钻孔最大垂直位移达40.49 mm,与埋深 600 m 相比,埋深扩大 1 倍,最大垂直位移增加 5.11 倍。该矿区 800 m 以深的深部煤层,当施工直径为 94 mm 的抽采钻孔时,埋深每增加 100 m 最大垂直位移就会大约增加 7.23 mm,当埋深达 1 200 m 时,最大垂直位移接近为钻孔直径。所以,钻孔缩径现象会随着埋深增加越来越明显。

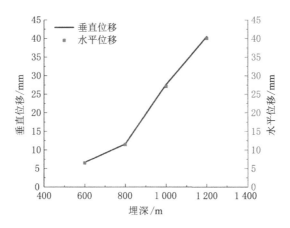

图 4-6 钻孔围岩最大垂直位移和最大水平位移随埋深变化折线图

（2）埋深对钻孔围岩垂直应力的影响

埋深为 600 m、800 m、1 000 m 及 1 200 m 时，钻孔围岩垂直应力分布情况如图 4-7 和表 4-3 所示。

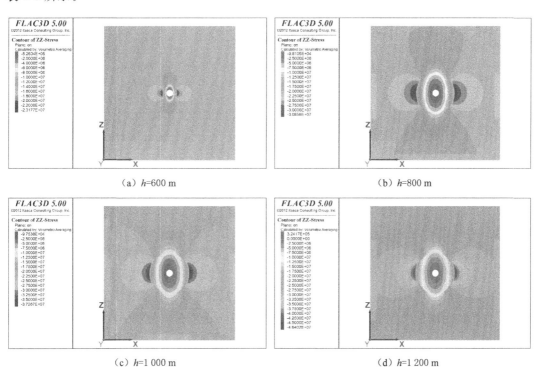

（a）h=600 m   （b）h=800 m

（c）h=1 000 m   （d）h=1 200 m

图 4-7 钻孔围岩垂直应力随埋深变化云图

表 4-3 钻孔围岩垂直应力随埋深变化情况

埋深/m	600	800	1 000	1 200
最大垂直应力/MPa	23.17	30.85	37.27	46.40

由图 4-7 和表 4-3 可以看出,不同埋深条件下,钻孔围岩的垂直应力呈对称分布;随着埋深的增加,钻孔围岩的最大垂直应力不断增加,埋深增加 1 倍,最大垂直应力同样增加 1 倍,最大垂直应力所处位置不断远离钻孔表面;当埋深为 600 m 时,围岩垂直应力集中系数约为 1.43,随着埋深的增加,垂直应力集中系数基本保持不变。

（3）埋深对钻孔围岩塑性区的影响

埋深为 600 m、800 m、1 000 m 及 1 200 m 时,钻孔围岩塑性区分布情况如图 4-8 所示。

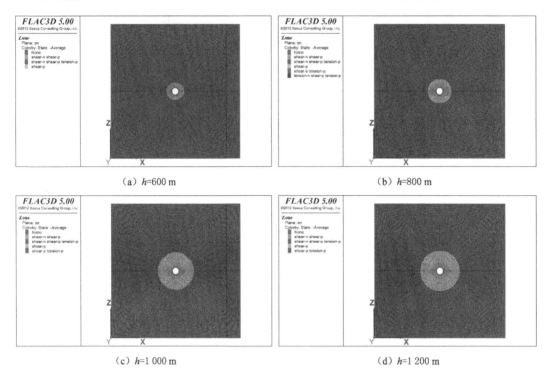

（a）h=600 m   （b）h=800 m

（c）h=1 000 m   （d）h=1 200 m

图 4-8   钻孔围岩塑性区随埋深变化云图

由图 4-8 可以看出:① 随着埋深的增加,钻孔围岩塑性区范围不断增大,这与垂直位移和水平位移变化规律基本一致。埋深为 600 m 时钻孔围岩塑性区范围为 80 mm,埋深达到 1 200 m 时钻孔围岩塑性区范围扩大到 252 mm,埋深增加 1 倍,塑性区范围增加 2.15 倍。② 埋深越大,单位时间钻孔围岩塑性区范围增加量越大;与垂直位移增加量相比,钻孔围岩塑性区范围的增加量比较明显,埋深由 600 m 到 800 m 垂直位移增加了约 5 mm,而塑性区范围增加了 50 mm,塑性区范围增加量是垂直位移增加量的 10 倍。

综上,埋深增加,地应力随之增大,钻孔围岩的最大垂直位移、最大水平位移、最大垂直应力及塑性区范围都明显增大。可见,地应力越大,钻孔越不稳定,越需要进行支护处理。

4.4.2   侧压系数对钻孔稳定性的影响

为研究深部煤体抽采钻孔在不同侧压系数下的变形失稳情况,数值分析了侧压系数为 0.5、1.0、1.5 和 2.0 时,钻孔埋深为 800 m,钻孔直径为 94 mm,瓦斯压力为 1.4 MPa,无支护条件下,钻孔围岩的垂直位移、水平位移、垂直应力及塑性区等分布规律。

（1）侧压系数对钻孔围岩垂直位移和水平位移的影响

侧压系数为 0.5、1.0、1.5 和 2.0 时，钻孔围岩垂直位移和水平位移分布情况如图 4-9 和图 4-10 所示。

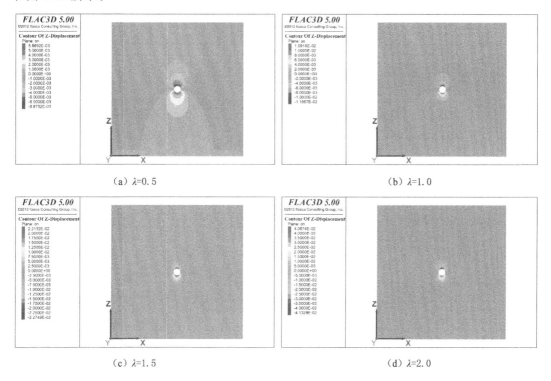

图 4-9   钻孔围岩垂直位移随侧压系数变化云图

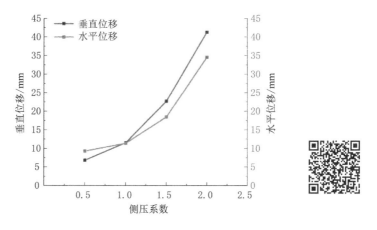

图 4-10   钻孔围岩最大垂直位移和最大水平位移随侧压系数变化折线图

由图 4-9 和图 4-10 可以看出：① 随着侧压系数 λ 的增大，钻孔围岩最大垂直位移和最大水平位移都增大，最大垂直位移的增长速率始终大于最大水平位移的增长速率。可将 λ＝1.0 视为一个分界点，λ＜1.0 时，最大水平位移较大；λ＝1.0 时，最大水平位移和最大垂直位移几乎相等;λ>1.0时,最大垂直位移较大。② 侧压系数为 1.0 时钻孔围岩最大垂直位移为 12.57 mm,侧压系数为 2.0 时钻孔围岩最大垂直位移为 41.33 mm,侧压系数扩大 1 倍,钻孔围岩最大垂直位移增加 2.29 倍。在地应力异常区打钻孔,受地应力的影响,钻孔受力不均匀,围岩容易产生应力集中,钻孔更容易丧失稳定性。

(2) 侧压系数对钻孔围岩垂直应力的影响

侧压系数为 0.5、1.0、1.5 和 2.0 时,钻孔围岩垂直应力分布情况如图 4-11 及表 4-4 所示。

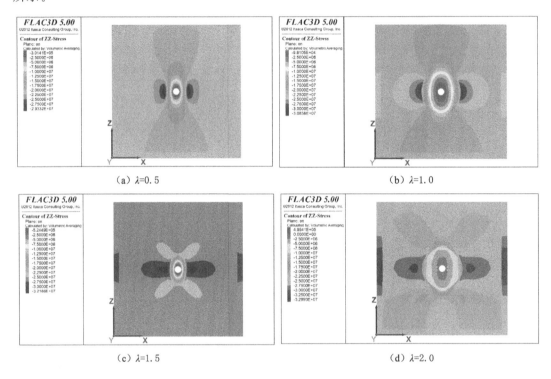

(a) λ=0.5 (b) λ=1.0

(c) λ=1.5 (d) λ=2.0

图 4-11 钻孔围岩垂直应力随侧压系数变化云图

表 4-4 钻孔围岩垂直应力随侧压系数变化情况

侧压系数	0.5	1.0	1.5	2.0
最大垂直应力/MPa	29.33	30.85	32.18	32.99

由图 4-11 和表 4-4 可知,不同侧压系数条件下,钻孔围岩的垂直应力呈对称分布,与埋深变化时的分布规律相同;最大垂直应力所处位置不断远离钻孔表面;钻孔围岩的最大垂直应力随侧压系数增加呈现缓慢增加的趋势,侧压系数由 0.5 增大到 2.0 时,最大垂直应力增加了 3.66 MPa。

(3) 侧压系数对钻孔围岩塑性区的影响

侧压系数为 0.5、1.0、1.5 和 2.0 时,钻孔围岩塑性区分布情况如图 4-12 和图 4-13 所示。

由图 4-12 和图 4-13 可知,当侧压系数为 0.5 时,水平方向钻孔围岩塑性区的影响深度

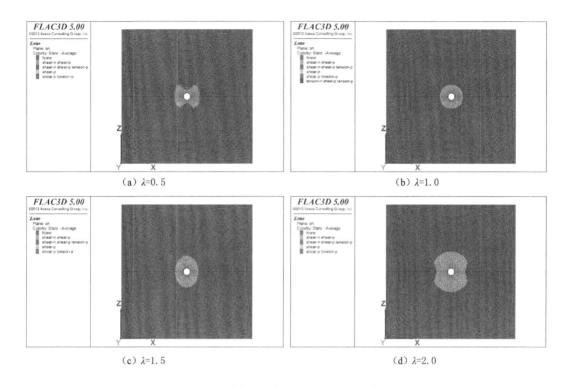

（a）λ=0.5　　　　　　　　　　　（b）λ=1.0

（c）λ=1.5　　　　　　　　　　　（d）λ=2.0

图 4-12　钻孔围岩塑性区随侧压系数变化云图

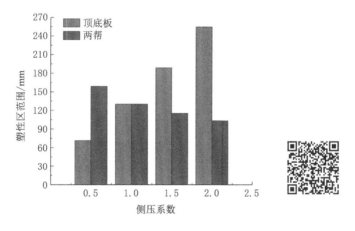

图 4-13　钻孔围岩塑性区范围随侧压系数变化柱状图

是159 mm，垂直方向钻孔围岩塑性区的影响深度是 71 mm，钻孔围岩塑性区呈长轴沿水平方向的马鞍形；当侧压系数为 1 时，水平和垂直方向钻孔围岩塑性区的影响深度都接近130 mm，钻孔围岩塑性区呈圆形；当侧压系数为 1.5 时，水平方向钻孔围岩塑性区的影响深度是 115 mm，垂直方向钻孔围岩塑性区的影响深度是 189 mm，钻孔围岩塑性区呈长轴沿垂直方向的椭圆形；当侧压系数为 2.0 时，水平方向钻孔围岩塑性区的影响深度是103 mm，垂直方向钻孔围岩塑性区的影响深度是 265 mm，钻孔围岩塑性区呈长轴沿垂直方向的马鞍形。可见，随侧压系数的增大，钻孔围岩塑性区的形状一直在变化，水平方向的影响深度逐渐减小,且减小幅度越来越小,而垂直方向的影响深度逐渐增加,且增加幅度越来越大。

综上所述,当侧压系数小于1时,最大垂直应力大于最大水平应力,则钻孔两帮更容易发生剪切破坏,最大水平位移比最大垂直位移大,水平方向钻孔围岩塑性区的影响深度较大;当侧压系数等于1时,最大垂直应力与最大水平应力近似相等,此时钻孔的变形基本上为均匀变形,水平和垂直方向的最大位移及塑性区范围近乎相等;当侧压系数大于1时,最大垂直应力小于最大水平应力,则钻孔顶底板更容易发生剪切破坏,最大水平位移比最大垂直位移小,垂直方向钻孔围岩塑性区的影响深度较大。由于地质构造不同,侧压系数差别很大,地质构造决定地应力的分布;在实际施工钻孔时,应尽量避开地质构造异常区。

4.4.3　钻孔直径对钻孔稳定性的影响

为研究深部煤体抽采钻孔在不同钻孔直径下的变形失稳情况,结合现场实际抽采钻孔的直径,数值模拟了钻孔直径为 75 mm、94 mm、120 mm 及 150 mm 时,侧压系数为1,钻孔埋深为 800 m,瓦斯压力为 1.4 MPa,无支护条件下,钻孔围岩的垂直位移、水平位移、垂直应力及塑性区等分布规律。

（1）钻孔直径对钻孔围岩垂直位移和水平位移的影响

钻孔直径为 75 mm、94 mm、120 mm 及 150 mm 时,钻孔围岩垂直位移和水平位移分布情况如图 4-14 和图 4-15 所示。

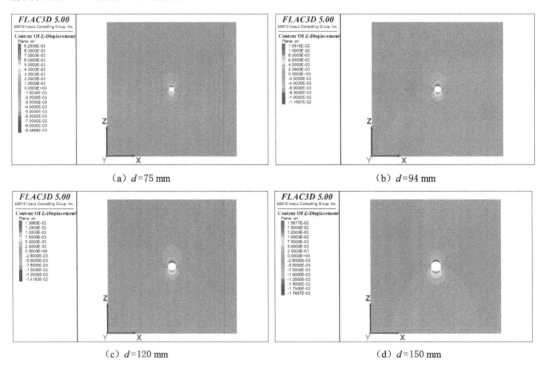

（a）d=75 mm

（b）d=94 mm

（c）d=120 mm

（d）d=150 mm

图 4-14　钻孔围岩垂直位移随钻孔直径变化云图

由图 4-14 和图 4-15 可知,钻孔直径为 75 mm、94 mm、120 mm 及 150 mm 时,最大垂直位移分别为 8.48 mm、11.57 mm、14.16 mm、17.68 mm,最大水平位移分别为 8.31 mm、

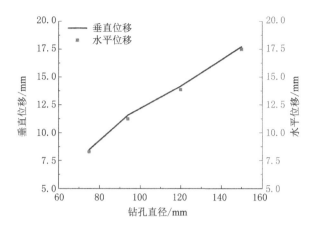

图 4-15　钻孔围岩最大垂直位移和最大水平位移随钻孔直径变化折线图

11.43 mm、13.95 mm、17.55 mm。随着钻孔直径的增加,钻孔围岩最大垂直位移和最大水平位移都逐渐缓慢增加,两者变化速率几乎一致,由于重力的影响,最大水平位移始终比最大垂直位移稍小。钻孔直径由 75 mm 增大到 150 mm 时,钻孔围岩最大垂直位移由 8.48 mm 增大到 17.68 mm,增加 1 倍多,这表明钻孔直径越大,钻孔变形程度越大、稳定性越差。

(2) 钻孔直径对钻孔围岩垂直应力的影响

钻孔直径为 75 mm、94 mm、120 mm 及 150 mm 时,钻孔围岩垂直应力分布情况如图 4-16 和表 4-5 所示。

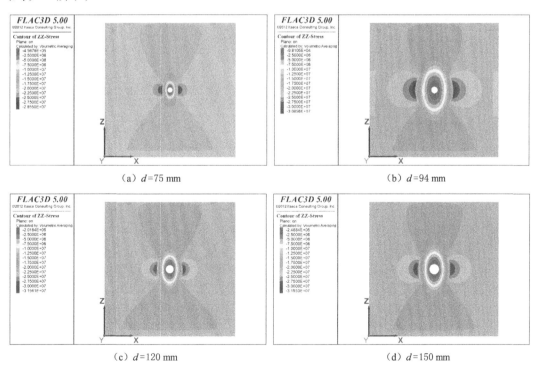

(a) $d=75$ mm

(b) $d=94$ mm

(c) $d=120$ mm

(d) $d=150$ mm

图 4-16　钻孔围岩垂直应力随钻孔直径变化云图

表 4-5　钻孔围岩垂直应力随钻孔直径变化情况

钻孔直径/mm	75	94	120	150
垂直应力/MPa	28.56	30.85	31.56	31.93

由图 4-16 及表 4-5 可知,不同直径钻孔围岩的垂直应力呈对称分布,这与埋深或侧压系数变化时的分布规律一样。钻孔左右两侧形成应力集中区,最大垂直应力随钻孔直径增大而缓慢增加,钻孔直径由 75 mm 增大到 150 mm 时,最大垂直应力增加了 3.37 MPa,钻孔顶底部则形成应力降低区。

（3）钻孔直径对钻孔围岩塑性区的影响

钻孔直径为 75 mm、94 mm、120 mm 及 150 mm 时,钻孔围岩塑性区分布情况如图 4-17 所示。

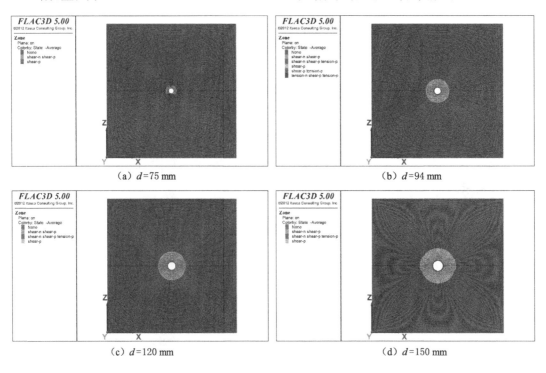

(a) $d=75$ mm　　　　　　　　　　(b) $d=94$ mm

(c) $d=120$ mm　　　　　　　　　　(d) $d=150$ mm

图 4-17　钻孔围岩塑性区随钻孔直径变化云图

由图 4-17 可知,当钻孔直径为 75 mm 时,钻孔围岩塑性区范围为 89 mm;当钻孔直径为 94 mm 时,钻孔围岩塑性区范围为 130 mm;当钻孔直径为 120 mm 时,钻孔围岩塑性区范围为 165 mm;当钻孔直径为 150 mm 时,钻孔围岩塑性区范围为 212 mm。可见,钻孔围岩塑性区范围随着钻孔直径的增大呈增加趋势。当钻孔直径增大 1 倍时,钻孔围岩塑性区范围增加 1.38 倍,这与钻孔位移变化规律一致,同时也说明单纯靠增加钻孔直径来提高瓦斯抽采效率是不可取的。

综上,钻孔直径对钻孔围岩最大垂直位移、最大水平位移和塑性区影响较大,对最大垂直应力影响较小,且与地应力相比影响较小。在实际施工时,仅增加钻孔直径会降低钻孔稳定性,进而影响瓦斯抽采效果,必须要合理选择钻孔直径并保证成孔质量。

4.4.4 瓦斯压力对钻孔稳定性的影响

为研究深部煤体抽采钻孔在不同瓦斯压力下的变形失稳情况，数值分析了瓦斯压力为 1.0 MPa、1.4 MPa、1.8 MPa 和 2.2 MPa 时，钻孔埋深为 800 m，钻孔直径为 94 mm，侧压系数为 1，无支护条件下，钻孔围岩的垂直位移、水平位移、垂直应力及塑性区等分布规律。

（1）瓦斯压力对钻孔围岩垂直位移和水平位移的影响

瓦斯压力为 1.0 MPa、1.4 MPa、1.8 MPa 和 2.2 MPa 时，钻孔围岩垂直位移和水平位移分布情况如图 4-18 和图 4-19 所示。

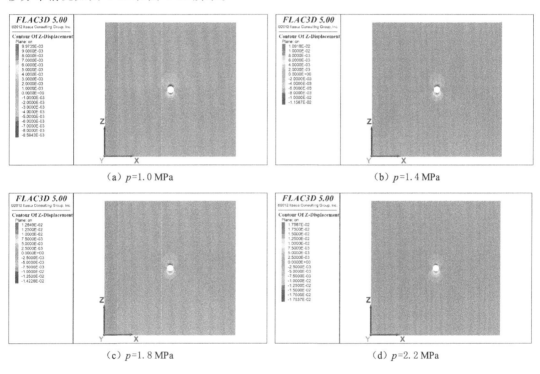

图 4-18　钻孔围岩垂直位移随瓦斯压力变化云图

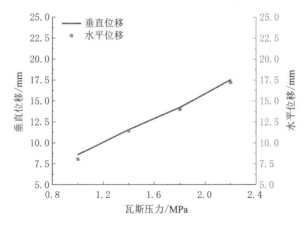

图 4-19　钻孔围岩最大垂直位移和最大水平位移随瓦斯压力变化折线图

由图 4-18 和图 4-19 可知,瓦斯压力为 1.0 MPa、1.4 MPa、1.8 MPa、2.2 MPa 时,钻孔围岩最大垂直位移分别为 8.49 mm、11.57 mm、14.23 mm、17.53 mm,最大水平位移分别为 8.03 mm、11.43 mm、13.98 mm、17.21 mm。随着瓦斯压力的增加,钻孔围岩垂直位移和水平位移都逐渐缓慢增加;由于重力的影响,最大水平位移始终比最大垂直位移稍小。

(2)瓦斯压力对钻孔围岩垂直应力的影响

瓦斯压力为 1.0 MPa、1.4 MPa、1.8 MPa 和 2.2 MPa 时,钻孔围岩垂直应力分布情况如图 4-20 及表 4-6 所示。

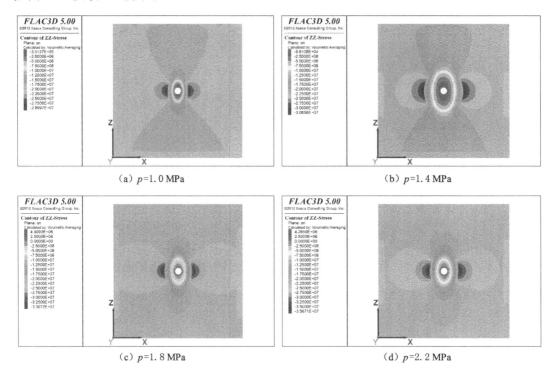

(a) $p=1.0$ MPa   (b) $p=1.4$ MPa

(c) $p=1.8$ MPa   (d) $p=2.2$ MPa

图 4-20 钻孔围岩垂直应力随瓦斯压力变化云图

表 4-6 钻孔围岩垂直应力随瓦斯压力变化情况

瓦斯压力/MPa	1.0	1.4	1.8	2.2
垂直应力/MPa	28.99	30.85	33.07	35.87

由图 4-20 和表 4-6 可知,随着瓦斯压力的增加,钻孔围岩最大垂直应力缓慢增加;最大垂直应力所处位置距钻孔表面的距离增加,但增加幅度较小。

(3)瓦斯压力对钻孔围岩塑性区的影响

瓦斯压力为 1.0 MPa、1.4 MPa、1.8 MPa 和 2.2 MPa 时,钻孔围岩塑性区分布情况如图 4-21 所示。

由图 4-21 可知,瓦斯压力为 1.0 MPa、1.4 MPa、1.8 MPa、2.2 MPa 时,钻孔围岩塑性区范围分别为 107 mm、130 mm、143 mm、151 mm,即随着瓦斯压力的增加,钻孔围岩塑性区范围有所增加,但增加幅度较小,且增加速度越来越慢。可见,瓦斯压力的变化对钻孔围

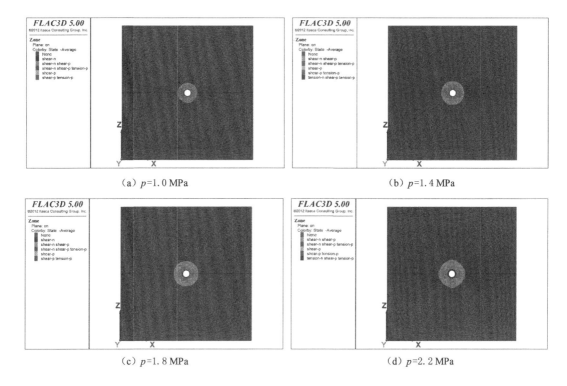

（a）p=1.0 MPa　　　　　　　　　（b）p=1.4 MPa

（c）p=1.8 MPa　　　　　　　　　（d）p=2.2 MPa

图 4-21　钻孔围岩塑性区随瓦斯压力变化云图

岩塑性区的发展影响较小。

　　综上所述，瓦斯压力对钻孔围岩最大垂直位移和最大水平位移影响较大，对最大垂直应力和塑性区的发展影响较小，且与地应力相比影响较小。在实际施工钻孔时，应适当考虑瓦斯压力的影响，提前测定瓦斯压力，采取防护措施。

4.4.5　有无筛管对钻孔稳定性的影响

　　筛管护孔是煤矿现场常用的钻孔失稳防护技术，筛管材质一般为 PVC、PE、PP 等。为研究深部煤体抽采钻孔在有无筛管下的变形失稳情况，结合现场筛管实际情况，数值分析了无筛管和三种不同筛管支护方案（各支护方案采用的筛管材质及参数见表 4-7）时，钻孔埋深为 800 m，钻孔直径为 94 mm，侧压系数为 1，瓦斯压力为 1.4 MPa，钻孔围岩的垂直位移、水平位移、垂直应力及塑性区等分布规律。图 4-22 为含筛管的数值模拟计算模型。

表 4-7　三种支护方案的模拟参数

支护方案	筛管材质	弹性模量/GPa	泊松比	尺寸
一	PVC	0.7	0.3	
二	PE	1.5	0.3	外径 94 mm，内径 92 mm
三	PP	3.0	0.3	

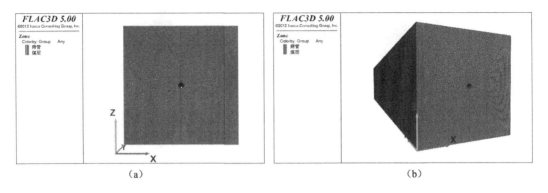

（a）　　　　　　　　　　　　　　　　　　（b）

图 4-22　含筛管的数值模拟计算模型

（1）有无筛管对钻孔围岩垂直位移和水平位移的影响

在无筛管和三种不同筛管支护方案条件下，钻孔围岩垂直位移和水平位移分布情况如图 4-23 和图 4-24 所示。

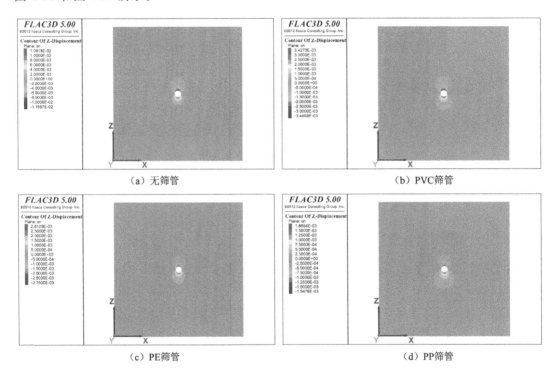

（a）无筛管　　　　　　　　　　　　　　（b）PVC筛管

（c）PE筛管　　　　　　　　　　　　　　（d）PP筛管

图 4-23　钻孔围岩垂直位移随支护方案变化云图

由图 4-23 和图 4-24 可知，无筛管时，钻孔围岩的最大垂直位移和最大水平位移相对较大，最大垂直位移为 11.57 mm，最大水平位移为 11.43 mm；钻孔下 PVC 筛管时，钻孔围岩位移得到一定的控制，此时最大垂直位移为 3.45 mm，最大水平位移为 3.34 mm；钻孔下 PE 筛管时，钻孔围岩位移进一步得到控制，此时最大垂直位移为 2.75 mm，最大水平位移为 2.61 mm；钻孔下 PP 筛管时，钻孔围岩位移得到最有效的控制，此时最大垂直位移仅为 1.55 mm，最大水平位移仅为 1.43 mm。可见，在不同材质筛管的支撑作用下，最大垂直位

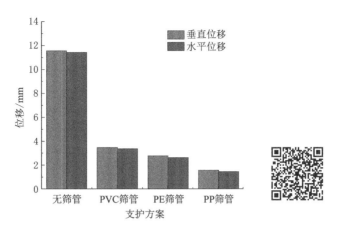

图 4-24　钻孔围岩最大垂直位移和最大水平位移随支护方案变化柱状图

移和最大水平位移均不同程度减小,这表明钻孔围岩变形能够得到不同程度的控制,其中 PP 筛管防护效果最好。

（2）有无筛管对钻孔围岩垂直应力的影响

在无筛管和三种不同筛管支护方案条件下,钻孔围岩垂直应力分布情况如图 4-25 和表 4-8所示。

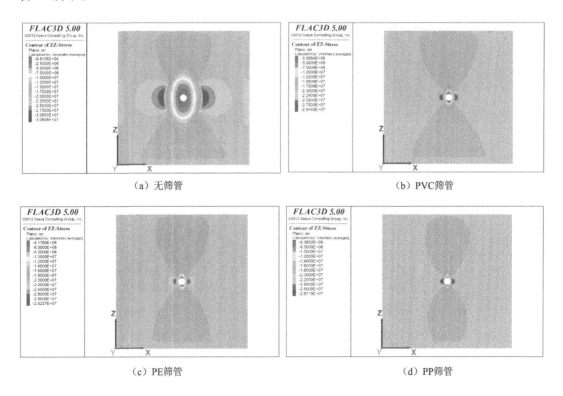

图 4-25　钻孔围岩垂直应力随支护方案变化云图

表 4-8　钻孔围岩垂直应力随支护方案变化情况

支护方案	无筛管	PVC 筛管	PE 筛管	PP 筛管
垂直应力/MPa	30.85	29.44	28.23	26.72

由图 4-25 和表 4-8 可知,无筛管时,钻孔围岩最大垂直应力为 30.85 MPa,应力集中区范围较大,最大垂直应力所处位置位于距离钻孔表面 251 mm 处,应力集中系数约为 1.43;在 PVC 筛管作用下,钻孔围岩最大垂直应力减小到 29.44 MPa,应力集中区范围减小,承载能力提高,最大垂直应力所处位置位于距离钻孔表面 163 mm 处,应力集中系数减小为 1.36;在 PE 筛管作用下,钻孔围岩最大垂直应力减小到 28.23 MPa,应力集中区范围进一步减小,承载能力进一步提高,最大垂直应力所处位置位于距离钻孔表面 82 mm 处,应力集中系数减小为 1.31;在 PP 筛管作用下,钻孔围岩最大垂直应力减小到 26.72 MPa,应力集中区范围继续减小,最大垂直应力所处位置位于距离钻孔表面 34 mm 处,应力集中系数减小为 1.24。可见,三种支护方案均使钻孔围岩最大垂直应力减小,应力集中区范围缩小,承载能力提高,应力集中系数减小,且 PP 筛管支护效果最佳。

（3）有无筛管对钻孔围岩塑性区的影响

在无筛管和三种不同筛管支护方案条件下,钻孔围岩塑性区变化情况如图 4-26 所示。

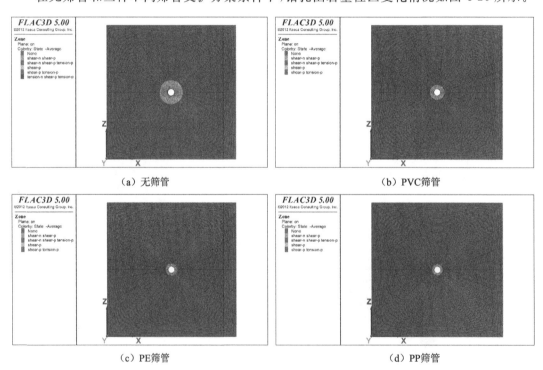

（a）无筛管　　　　　　　　　　　　（b）PVC筛管
（c）PE 筛管　　　　　　　　　　　　（d）PP筛管

图 4-26　钻孔围岩塑性区随钻孔直径变化云图

由图 4-26 可以看出,筛管不会影响钻孔围岩塑性区的形状,有无筛管塑性区都为圆形;筛管对钻孔的支撑作用很明显,下筛管后的钻孔围岩塑性区范围明显减小,筛管弹性模量越大,塑性区范围越小。无筛管时,钻孔围岩塑性区范围为 130 mm;在 PVC 筛管作用下,钻孔围岩塑性区范围为 61 mm；在 PE 筛管作用下，钻孔围岩塑性区范围约为 44 mm；在 PP 筛管作用下，钻孔围岩塑性区得到有效控制，其范围仅为 30 mm，是无筛管时钻孔围岩塑性区范围的 23％，所以 PP 筛管支护效果最好。

综上所述，有无筛管对钻孔围岩最大垂直位移、最大水平位移和塑性区范围影响较大，对最大垂直应力影响较小，并且与地应力相比影响较小。在实际施工钻孔时，特别是在深部煤层中打钻孔，有必要采用筛管对钻孔进行支护，尤其是 PP 筛管支护效果最好。

4.5　抽采钻孔变形失稳的主控因素

抽采钻孔的孔壁失稳，造成煤层中的抽采钻孔的成孔率较低，钻孔的打钻深度受到一定限制，这对于高瓦斯矿井来说瓦斯抽采效果不佳，会对工作面开采造成不利影响。严重时，抽采钻孔的孔壁失稳会发生钻孔内瓦斯燃烧，甚至诱发工作面煤与瓦斯突出等事故，这样会严重影响高瓦斯和突出矿井的瓦斯治理效果。因而，在众多影响抽采钻孔变形失稳的因素中确定主控因素，可以为施工钻孔时采取有效的防护措施提供有利依据。

从宏观角度看，载荷的增加使煤体不断有新裂隙产生，并且新裂隙和原有裂隙会扩展、贯通，当载荷达到并超过某一临界值时，煤体内部联结结构会弱化或失效，从而导致煤体失稳破坏。所以，钻孔周围煤体的失稳破坏是一个力学失稳的过程，本质是煤岩体自身强度无法承受施加的应力而诱发的。

从本章第 4 节的模拟结果可知，由埋深和侧压系数（地质构造）决定的地应力在位移、压力和塑性区等多方面都是影响最大的。地应力包括两部分，即自重应力和构造应力。由于地心引力和地球自转离心力，自重应力受埋深影响，随埋深线性增加。构造应力受侧压系数（地质构造）影响，各式各样的地质构造是煤层在持久的地质演化过程中逐渐形成的，破碎带、断层、向斜或背斜以及陷落柱等都直接影响着构造应力。埋深及侧压系数（地质构造）决定地应力的大小及分布，直接影响钻孔的稳定性。

因此，地应力是钻孔变形失稳的根源，是影响抽采钻孔变形失稳的主控因素。在实际施工钻孔时，应该着重考虑地应力的影响，采取有效的措施，以提高钻孔的稳定性。

5 松软煤层抽采钻孔变形失稳特性及失稳模式研究

5.1 松软煤层抽采钻孔变形失稳特性

5.1.1 基于弹性损伤理论的抽采钻孔失稳理论模型

煤岩体是一种非均匀材料,以往研究大多采用宏观上的弹塑性理论来研究煤岩体受力后变形和断裂过程的非线性特征,而忽略了煤岩体内部细观结构的非均匀性。下面在统计细观损伤力学的基础上,建立了基于细观尺度弹性损伤理论的抽采钻孔失稳理论模型,为后面用岩石破裂过程分析软件 RFPA2D 分析钻孔变形失稳提供理论支撑。

5.1.1.1 煤岩体弹性损伤理论

瑞典统计学家威布尔(Weibull)最早提出用统计数学理论来描述非均匀材料,他认为破坏时的强度是无法被精确测量的,可以使用具有门槛值的幂函数率来描述强度极值分布律,即 Weibull 分布,这对强度理论、尺度效应的研究有着重要作用。

假设这些离散的微元体力学性质的分布符合 Weibull 统计分布函数[135],即

$$\varphi(\alpha) = \frac{m}{\alpha_0}\left(\frac{\alpha}{\alpha_0}\right)^{m-1}\exp\left(-\frac{\alpha}{\alpha_0}\right)^m \tag{5-1}$$

式中　α,α_0——煤岩体微元体力学参数(如弹性模量、强度等)和力学参数平均值;

$\varphi(\alpha)$——微元体强度、弹性模量等力学参数的统计分布密度;

m——煤岩体介质的均质系数,其值越大越均质,反之则越不均质。

假设煤岩体中细观单元体是弹脆性的,并有残余强度,其力学行为可以用弹性损伤理论描述,其损伤阈值条件用最大拉应变准则(煤岩体介质拉伸破坏的决定因素是拉伸线应变,只要其拉伸线应变达到单向拉伸破坏瞬间的极限线应变,煤岩体就发生断裂破坏)和莫尔-库仑准则(剪切破坏为岩石的主要破坏方式,当岩石内部某截面上的正应力、剪应力满足 $\tau \geqslant C + \sigma\tan\varphi$ 时,该面将发生破裂)描述。

煤岩体受力后不断产生损伤,进而引起微裂纹萌生及扩展,这造成其应力-应变曲线呈非线性;弹性损伤力学的本构关系可以用来描述煤岩体介质细观单元的力学性质,根据应变等价原理,可以通过无损材料中的名义应力得到受损材料单元体本构方程[135],即

$$\varepsilon = \sigma/E = \sigma(1-D)E_0 \tag{5-2}$$

式中　E_0,E——损伤后单元体的初始弹性模量和弹性模量;

D——反映损伤程度的损伤变量。

煤岩体细观层次上的破坏被视为拉伸和剪切破坏,其岩体介质细观单元被拉伸和压缩

时,单元体损伤变量 D 的演化方程分别如下[135]:

$$D = \begin{cases} 0 & (\varepsilon < \varepsilon_{t0}) \\ 1 - \sigma_{tr}/(\varepsilon E_0) & (\varepsilon_{t0} \leqslant \varepsilon \leqslant \varepsilon_{tu}) \\ 1 & (\varepsilon > \varepsilon_{tu}) \end{cases} \tag{5-3}$$

$$D = \begin{cases} 0 & (\varepsilon < \varepsilon_{c0}) \\ 1 - \sigma_{cr}/(\varepsilon E_0) & (\varepsilon \geqslant \varepsilon_{c0}) \end{cases} \tag{5-4}$$

式中　σ_{tr}——拉伸损伤残余强度;

　　　ε_{t0}——弹性极限拉应变;

　　　ε_{tu}——最大拉应变;

　　　σ_{cr}——剪切损伤残余强度;

　　　ε_{c0}——压应变的弹性极限。

5.1.1.2　煤岩体弹性变形基本控制方程

假设煤岩体未受损微元体保持弹性力学性质,根据弹性力学理论可建立煤岩体弹性变形基本控制方程。

(1) 含瓦斯煤岩平衡方程

在煤岩体中任取一个边长分别为 $\mathrm{d}x, \mathrm{d}y, \mathrm{d}z$ 的微元体,如图5-1所示,其六个面均垂直于坐标轴。作用在六个面上的总应力分量分别为 σ_x、σ_y、σ_z、τ_{xy}、τ_{yz} τ_{zx},作用在微元体内部的体积力分别为 F_x、F_y 及 F_z,规定坐标轴正向为正,反之为负。不考虑瓦斯重力、煤层变形及瓦斯流动产生的惯性力。

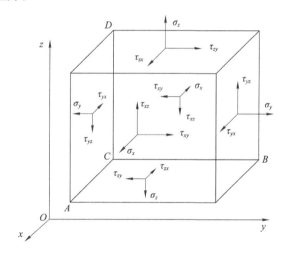

图5-1　煤岩内微元体应力状态示意图

根据力平衡条件,在 x、y、z 三个方向上可建立应力平衡方程。

$$\left(\sigma_x + \frac{\partial \sigma_x}{\partial x}\mathrm{d}x\right)\mathrm{d}y\mathrm{d}z - \sigma_x\mathrm{d}y\mathrm{d}z + \left(\tau_{yx} + \frac{\partial \tau_{yx}}{\partial y}\mathrm{d}y\right)\mathrm{d}x\mathrm{d}z - \tau_{yx}\mathrm{d}x\mathrm{d}z +$$
$$\left(\tau_{zx} + \frac{\partial \tau_{zx}}{\partial z}\mathrm{d}z\right)\mathrm{d}x\mathrm{d}y - \tau_{zx}\mathrm{d}x\mathrm{d}y + F_x\mathrm{d}x\mathrm{d}y\mathrm{d}z = 0 \tag{5-5}$$

$$\left(\sigma_y + \frac{\partial \sigma_y}{\partial y}\mathrm{d}y\right)\mathrm{d}x\mathrm{d}z - \sigma_y\mathrm{d}x\mathrm{d}z + \left(\tau_{xy} + \frac{\partial \tau_{xy}}{\partial x}\mathrm{d}x\right)\mathrm{d}y\mathrm{d}z - \tau_{xy}\mathrm{d}y\mathrm{d}z +$$

$$\left(\tau_{zy} + \frac{\partial \tau_{zy}}{\partial z}dz\right)dxdy - \tau_{zy}dxdy + F_y dxdydz = 0 \tag{5-6}$$

$$\left(\sigma_z + \frac{\partial \sigma_z}{\partial z}dz\right)dxdy - \sigma_z dxdy + \left(\tau_{zx} + \frac{\partial \tau_{zx}}{\partial x}dx\right)dzdy - \tau_{zx}dzdy +$$

$$\left(\tau_{zy} + \frac{\partial \tau_{zy}}{\partial y}dy\right)dxdz - \tau_{zy}dxdz + F_z dxdydz = 0 \tag{5-7}$$

整理可得含瓦斯煤岩平衡微分方程：

$$\frac{\partial \sigma_x}{\partial x} + \frac{\partial \tau_{xy}}{\partial y} + \frac{\partial \tau_{zx}}{\partial z} + F_x = 0 \tag{5-8}$$

$$\frac{\partial \sigma_y}{\partial y} + \frac{\partial \tau_{yz}}{\partial z} + \frac{\partial \tau_{yx}}{\partial x} + F_y = 0 \tag{5-9}$$

$$\frac{\partial \sigma_z}{\partial z} + \frac{\partial \tau_{zx}}{\partial x} + \frac{\partial \tau_{zy}}{\partial y} + F_z = 0 \tag{5-10}$$

平衡微分方程用张量表示为：

$$\boldsymbol{\sigma}_{ij,j} + \boldsymbol{F}_i = \boldsymbol{0} \tag{5-11}$$

研究表明，含瓦斯煤岩体的变形是煤岩应力及孔隙瓦斯压力共同作用的结果。根据修正太沙基有效应力原理，得到以有效应力表示的含瓦斯煤岩平衡微分方程：

$$\sigma_{ij}' = \sigma_{ij} - \alpha \delta_{ij} p \tag{5-12}$$

将式(5-11)代入式(5-12)可得以有效应力表示的含瓦斯煤岩平衡微分方程张量形式：

$$\boldsymbol{\sigma}_{ij,j}' + (\alpha p \delta_{ij})_{,j} + \boldsymbol{F}_i = \boldsymbol{0} \tag{5-13}$$

$$\alpha = \frac{2aRT\rho(1-2\nu)\ln(1+bp)}{3Vp} \tag{5-14}$$

式中　p——孔隙瓦斯压力，MPa；

　　　α——等效孔隙压力系数；

　　　δ_{ij}——克罗内克符号；

　　　F_i——体积力（i 取 1、2 和 3 分别表示 F_x、F_y 和 F_z）。

（2）含瓦斯煤岩几何方程

含瓦斯煤岩几何方程（又称柯西方程）反映煤岩应变与位移的关系，规定压缩变形为正方向，x、y 和 z 方向上应变分量和位移关系可用以下六个公式来描述：

$$\begin{cases} \varepsilon_x = \dfrac{\partial u}{\partial x}, & \gamma_{yz} = \dfrac{\partial w}{\partial y} + \dfrac{\partial v}{\partial z} \\[2mm] \varepsilon_y = \dfrac{\partial v}{\partial y}, & \gamma_{zx} = \dfrac{\partial u}{\partial z} + \dfrac{\partial w}{\partial x} \\[2mm] \varepsilon_z = \dfrac{\partial w}{\partial z}, & \gamma_{xy} = \dfrac{\partial v}{\partial x} + \dfrac{\partial u}{\partial y} \end{cases} \tag{5-15}$$

式中　$\varepsilon_x, \varepsilon_y, \varepsilon_z$——$x$、$y$ 和 z 方向上的径向应变；

　　　$\gamma_{yz}, \gamma_{zx}, \gamma_{xy}$——$x$、$y$ 和 z 方向上的切向应变；

　　　u, v, w——x、y 和 z 方向上的位移。

用张量形式表示即

$$\boldsymbol{\varepsilon}_{ij} = \frac{1}{2}(\boldsymbol{u}_{i,j} + \boldsymbol{u}_{j,i}) \tag{5-16}$$

（3）含瓦斯煤岩本构方程

含瓦斯煤岩为多孔介质,其有效应力-应变本构方程为:

$$\sigma_{ij}{}' = D_{ij}\varepsilon_{ij} \tag{5-17}$$

当含瓦斯煤岩体处于弹性变形阶段时,本构方程可用广义胡克定律来描述:

$$\sigma_{ij}{}' = \lambda\delta_{ij}\varepsilon_V + 2G\varepsilon_{ij} \tag{5-18}$$

式中　λ——拉梅常数;

　　　ε_V——体应变;

　　　G——剪切模量。

将式(5-16)先代入式(5-18)再代入式(5-11)可得:

$$\begin{cases} (\lambda+G)\dfrac{\partial\varepsilon_V}{\partial x} + G\,\nabla^2 u + \alpha\dfrac{\partial p}{\partial x} + F_x = 0 \\[2mm] (\lambda+G)\dfrac{\partial\varepsilon_V}{\partial y} + G\,\nabla^2 v + \alpha\dfrac{\partial p}{\partial y} + F_y = 0 \\[2mm] (\lambda+G)\dfrac{\partial\varepsilon_V}{\partial z} + G\,\nabla^2 w + \alpha\dfrac{\partial p}{\partial z} + F_z = 0 \end{cases} \tag{5-19}$$

引入拉普拉斯算子并将式(5-19)简化,可得含瓦斯煤岩应力场控制方程的张量形式:

$$G\boldsymbol{u}_{i,jj} + \frac{G}{1-2\nu}\boldsymbol{u}_{j,ij} + \alpha p_i + \boldsymbol{F}_i = \boldsymbol{0} \tag{5-20}$$

当不考虑瓦斯因素对煤岩体变形的影响时,可以将式(5-20)中瓦斯压力一项去掉。由未受损材料单元体弹性变形基本控制方程、Weibull 统计分布函数及受损材料单元体本构方程即可构成基于弹性损伤理论的抽采钻孔失稳理论模型,如式(5-21)所示。

$$\begin{cases} \varphi(\alpha) = \dfrac{m}{\alpha_0}\left(\dfrac{\alpha}{\alpha_0}\right)^{m-1}\exp\left(-\dfrac{\alpha}{\alpha_0}\right)^m \\[2mm] \varepsilon = \sigma/E = \sigma(1-D)E_0 \\[2mm] D = \begin{cases} 0 & (\varepsilon < \varepsilon_{t0}) \\ 1 - \sigma_{tr}/(\varepsilon E_0) & (\varepsilon_{t0} \leqslant \varepsilon \leqslant \varepsilon_{tu}) \\ 1 & (\varepsilon > \varepsilon_{tu}) \end{cases} \\[4mm] D = \begin{cases} 0 & (\varepsilon < \varepsilon_{c0}) \\ 1 - \sigma_{cr}/(\varepsilon E_0) & (\varepsilon \geqslant \varepsilon_{c0}) \end{cases} \\[3mm] G\boldsymbol{u}_{i,jj} + \dfrac{G}{1-2\nu}\boldsymbol{u}_{j,ij} + \boldsymbol{F}_i = \boldsymbol{0} \end{cases} \tag{5-21}$$

5.1.2　抽采钻孔变形失稳数值分析方法及模型参数

5.1.2.1　数值分析方法及物理模型建立

由于实际抽采钻孔一般都有数十至数百米,甚至上千米长,钻孔长度远远大于钻孔直径,因此本书研究中将其简化为二维平面应变问题。本书采用真实破裂过程分析软件 RFPA2D对钻孔变形失稳过程进行模拟分析。RFPA2D软件用 Weibull 统计分布函数描述煤岩体非均匀特性,将弹性损伤力学相关理论有效地与数值计算方法相结合,运用连续介质力学方法的有限元理论解决非连续介质力学的非线性问题,常用来模拟分析煤岩体变形、失稳、破裂的复杂非线性及非均匀性行为。

钻孔半径取值 0.05 m,据弹性力学理论可知,计算域应大于钻孔半径 5 倍,这里取 10

倍,模型中煤层尺寸为 1 m×1 m,网格划分为 40 000 个单元。采用固定载荷加载方式,侧压系数为 1.0。模型的示意图如图 5-2 所示,图中钻孔周围煤体的灰度代表其力学参数(如抗压强度等)的大小,颜色越深,其值越小。

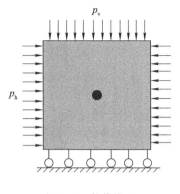

图 5-2 数值模型

5.1.2.2 模拟参数确定

RFPA 系统中将煤岩体假设成非均匀材质,其细观力学特性(弹性模量、抗压强度等)服从 Weibull 分布。材料的均匀程度用均质系数 m 描述,m 越大,煤岩体越均质;反之,煤岩体越不均质。煤岩体宏观力学参数不能直接用来进行数值模拟,而要利用均质系数 m 通过以下拟合转换公式将其转化为细观力学参数,再用来进行数值模拟[135]。

$$\frac{\sigma_{cs}}{\sigma_{cs0}} = 0.260\ 2\ln m + 0.023\ 3 \quad (1.2 \leqslant m \leqslant 50) \tag{5-22}$$

$$\frac{E_s}{E_{s0}} = 0.141\ 2\ln m + 0.647\ 6 \quad (1.2 \leqslant m \leqslant 10) \tag{5-23}$$

式中 E_{s0},σ_{cs0}——Weibull 分布赋值时细观弹性模量和单轴抗压强度均值,即数值模拟用的力学参数;

E_s,σ_{cs}——试样宏观的弹性模量和单轴抗压强度,即实验室测试的力学参数值。

某矿煤层埋深 1 000 m 左右,由前述可知,埋深 25~2 700 m 范围内岩体的自重应力可按岩体平均重度为 27 kN/m³ 计算,可计算得其垂直应力为 27.0 MPa;侧压系数为 1.0,故其水平应力也为 27.0 MPa;实测其煤样弹性模量为 2 000 MPa,单轴抗压强度为 7.3 MPa,坚固性系数为 0.7,m 值取 6。由式(5-22)、式(5-23)计算可得数值模拟所需的弹性模量和单轴抗压强度分别为 2 221 MPa、14.9 MPa。模拟所需参数如表 5-1 所示。

表 5-1 煤的物理力学参数

弹性模量/MPa	单轴抗压强度/MPa	泊松比	密度/(kg/m³)	内摩擦角/(°)	压拉比
2 221	14.9	0.3	1 400	30	15

5.1.3 松软煤层抽采钻孔变形失稳特性研究

利用 RFPA2D 数值模拟软件模拟了松软煤层钻孔变形失稳的整个过程,以下分别从钻孔围岩应力分布、卸压区分布、变形分布和渗透特性等方面描述松软煤层钻孔变形失稳的特征。

5.1.3.1 钻孔变形失稳过程中围岩应力分布及失稳规律

这里以最大主应力分布来描述围岩应力分布规律,如图 5-3 所示,图中灰度表示应力值大小,颜色越亮表示应力值越大。

由图 5-3 可以看出,钻孔施工后,由于孔壁周围煤体径向应力突然解除,钻孔周围煤体应力重新分布,孔壁附近煤体产生应力集中[图 5-3(a)],孔壁附近煤体强度降低进而发生屈服,应力状态由弹性变为塑性;孔壁周围煤体向钻孔方向产生径向变形,孔壁附近塑性区外圈煤体变形量比内圈煤体变形量小,此时孔壁附近的塑性区煤体先出现部分微孔/微裂隙

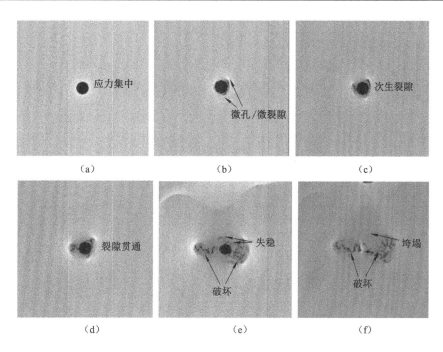

图5-3 最大主应力分布及演化

[图5-3(b)];塑性区煤体变形量随着时间的延长不断增大,煤体内出现的微裂隙逐渐互相贯通形成较大的次生裂隙[图5-3(c)],紧接着次生裂隙不断贯通并增多[图5-3(d)];当径向变形量达到煤体变形极限时,紧靠孔壁的塑性区内圈煤体就会发生破裂[图5-3(e)],该区域就由塑性区变成了破裂区;破裂区内部煤体强度明显降低(图中颜色较灰),低于原岩应力;塑性区及破裂区煤体不断变形,破裂区煤体形成大宏观裂纹导致钻孔周围煤体失稳垮塌,紧邻钻孔周围煤体形成垮塌区和破坏区[图5-3(f)]。

总体来说,钻孔失稳破坏形式为上、下方煤体垮塌形成垮塌区,左右侧煤体破坏形成破坏区。

5.1.3.2 钻孔变形失稳过程中围岩卸压区分布规律

为了进一步研究钻孔围岩卸压区分布规律,沿钻孔中心作一水平截线,该截线上最大主应力及切应力分布如图5-4所示。

由图5-4容易看出,钻孔附近煤体应力集中区应力较大,煤体应力随着距钻孔距离的增加不断降低,最大主应力越来越接近原始应力;随着钻孔的不断失稳,孔壁附近煤体应力不断降低,钻孔周围卸压区范围亦不断变大,图5-4(a)、图5-4(b)、图5-4(c)、图5-4(d)中卸压区范围分别为0 mm、35 mm、90 mm、167 mm。总体而言,由于钻孔直径相对周围煤体来说尺寸太小,故钻孔变形失稳引起的周围煤体的卸压区范围较小。此外,由图5-4(d)可以看出,钻孔失稳坍塌后,钻孔顶部煤体不断下移,使得钻孔内煤体不断被压实,钻孔内煤体切应力由开始的0 MPa变成了28.0 MPa,最大主应力也由开始的0 MPa变成了36.6 MPa。

5.1.3.3 钻孔变形失稳过程中围岩变形分布规律

钻孔围岩变形动态分布如图5-5所示,图中箭头大小表示位移大小,箭头方向表示位移方向。

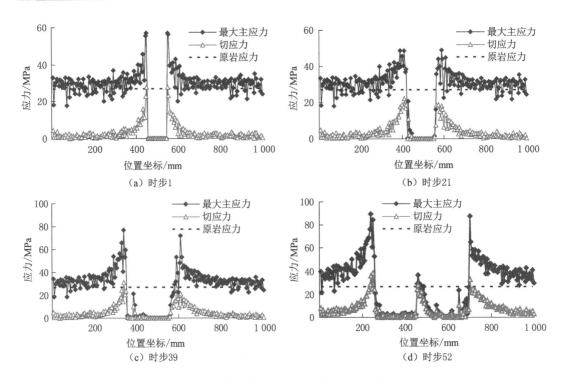

图 5-4　不同运算时步钻孔围岩应力动态分布

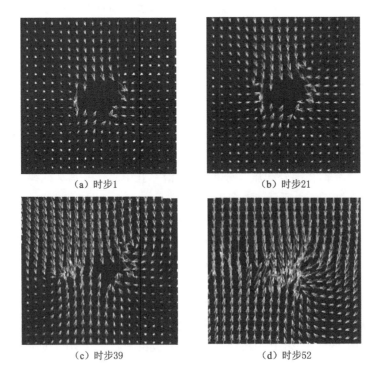

图 5-5　不同运算时步钻孔围岩变形动态分布

　　由图5-5可以看出,钻孔变形失稳过程中,周围煤体逐渐向钻孔方向产生径向位移,即上部煤体下移、下部煤体上移、左侧煤体右移、右侧煤体左移,钻孔孔径不断变小,即发生缩径现象;对于煤体变形量来说,距钻孔边缘越近煤体变形量越大;随着钻孔的不断变形,周围煤体总位移不断增加,钻孔截面积逐渐减小直至变为零,即钻孔最后被周围煤体堵死;受垂直应力及煤体自重影响,钻孔上方煤体变形量比下方煤体变形量要大,钻孔左右两侧煤体的水平位移相差不大。

　　通过监测钻孔孔壁顶底部及两侧位移变化情况可知,随着钻孔的不断变形失稳,孔壁顶底部垂直位移呈先逐渐增加然后突然增加的变化趋势,钻孔顶底部煤体总垂直位移均不断增加,最终两者之和为102.4 mm,大于钻孔直径100.0 mm,这说明钻孔已经坍塌堵塞;孔壁两侧水平位移大致呈逐渐增加的变化趋势,其总位移均不断增加,左右两侧总水平位移之和为30.4 mm;两侧水平位移小于顶底部垂直位移。

　　由此可知,钻孔变形失稳过程中,钻孔形状由开始的准圆形逐渐变成"类椭圆形",然后钻孔"类椭圆形"断面逐渐减小至坍塌堵塞,如图5-6所示。

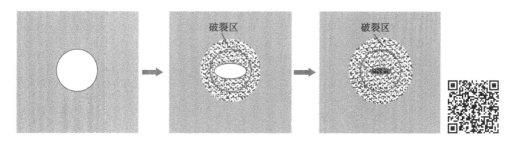

图5-6　钻孔失稳过程中形状变化

5.1.3.4　钻孔变形失稳过程中围岩渗透特性

　　如前所述,煤岩体失稳破坏过程可以分为四个阶段,其中前两个阶段压密压实阶段和弹性变形阶段煤岩体体积减小、渗透率降低,后两个阶段屈服变形和破坏阶段及残余强度变形阶段,煤岩体体积增大、渗透率增加,煤岩体渗透率总体呈先降低后增加的"V"字形的发展趋势。煤体渗透率与体积变化有着较好的相关性,因此,可以基于煤体体应变来研究煤体变形过程中的渗透特性。

　　煤体孔隙率与有效应力、吸附膨胀应力、孔隙应力等有关,如果仅考虑有效应力导致的煤体孔隙率变化,则煤体孔隙率计算公式可由其基本概念及体应变变化量推导出[136]:

$$\varphi = \frac{V_n}{V_b} = \frac{V_{n0} - \Delta V_b}{V_{b0} - \Delta V_b} = \frac{V_{n0}/V_{b0} - \Delta V_b/V_{b0}}{1 - \Delta V_b/V_{b0}} = \frac{\varphi_0 - \varepsilon_V^e}{1 - \varepsilon_V^e} = \varphi_0 - \frac{\varepsilon_V^e(1 - \varphi_0)}{1 - \varepsilon_V^e} \quad (5\text{-}24)$$

式中　ε_V^e——有效应力变化引起的煤岩体体应变变化量;

　　　　φ_0——煤层初始孔隙率;

　　　　V_n——煤层的孔隙体积;

　　　　$V_b,\Delta V_b$——煤层体积及煤层体积的变化量。

　　根据康采尼-卡曼(Kozeny-Carman)方程可推导出煤层渗透率与煤体体应变的关系式[118]:

$$k = k_0 \frac{1}{1 + \varepsilon_V^e} \left(\frac{\varphi}{\varphi_0}\right)^3 \quad (5\text{-}25)$$

这里以钻孔上部煤体为例研究钻孔变形失稳过程中周围煤体渗透特性演化规律,在钻孔上部煤体内设置四条水平监测线,划分四个煤体监测区域,如图 5-7 所示,分别监测该区域的变形情况,进而由该区域的体应变计算该区域的渗透率;煤体初始孔隙率和初始渗透率分别为 0.04 和 2×10^{-17} m^2,得到钻孔变形失稳过程中钻孔上部煤体渗透率分布规律如图 5-8所示。

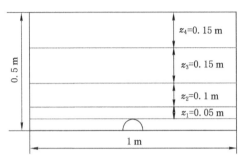

图 5-7　煤体监测区域划分

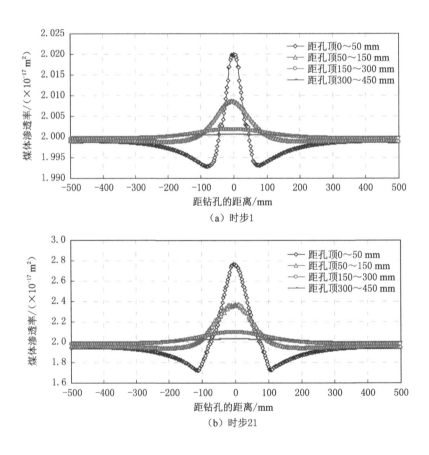

（a）时步1

（b）时步21

图 5-8　不同运算时步钻孔围岩渗透率动态分布

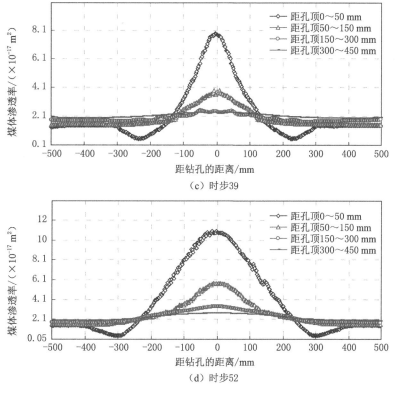

图 5-8(续)

从图 5-8 中可以看出,在钻孔变形失稳坍塌过程中,由于钻孔附近煤体的变形量不断增加及裂隙的不断贯通,钻孔附近煤体渗透率逐渐增大,钻孔周围煤体渗透率变化量及变化范围不断增加,不过其渗透率变化量及变化范围均较小,图 5-8(a)、图 5-8(b)、图 5-8(c)、图 5-8(d)中钻孔上部煤体渗透率最大值分别是煤体初始渗透率的 1.01 倍、1.38 倍、3.93 倍、5.42 倍。

钻孔变形失稳过程中上部煤体渗透率分布均大致呈倒"V"字形,即钻孔附近煤体渗透率变化较大,钻孔正上方煤体渗透率最大,钻孔两侧煤体渗透率随着距离钻孔水平距离的增加呈先减小后增加然后趋于稳定的趋势,在部分区域煤体渗透率甚至减小。

5.1.4 松软煤层抽采钻孔不同部位的变形失稳特性分析

考虑巷道的开挖会造成围岩应力重新分布,巷道围岩应力存在卸压区、应力集中区、原岩应力区三个区域,如图 5-9 所示;抽采钻孔施工后,钻孔部分位于卸压区、部分位于应力集中区、部分位于原岩应力区,以下对处于不同应力分布区域的抽采钻孔变形失稳情况进行研究。

这里在三个区域分别取三个研究断面,其应力取值分别为卸压区应力 16.2 MPa(相当于埋深 600 m)、应力集中区应力 27.0 MPa(相当于埋深 1 000 m)、原岩应力区应力 21.6 MPa(相当于埋深 800 m)。根据上面建立的物理模型和数学模型,改变应力条件分别进行数值模拟。

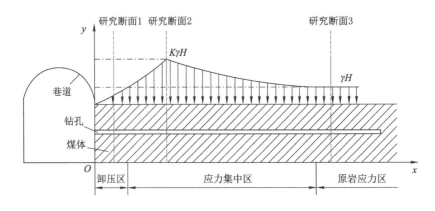

图 5-9　巷帮煤体应力分布

5.1.4.1　抽采钻孔不同部位的变形失稳情况

数值模拟得到不同部位抽采钻孔变形失稳情况如图 5-10 所示。

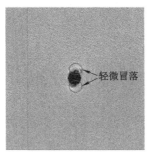
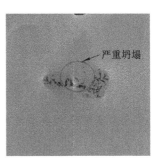

（a）巷道卸压区钻孔　　　　（b）巷道原岩应力区钻孔　　　　（c）巷道应力集中区钻孔

图 5-10　不同部位抽采钻孔变形失稳情况

由图 5-10 可以看出,不同部位抽采钻孔的变形失稳情况有着较大不同,巷道卸压区应力较小,没达到钻孔失稳的条件,钻孔完好没有发生失稳;原岩应力区的钻孔发生了低程度的失稳,钻孔顶部发生了轻微冒落,下部也出现了煤块剥落现象;应力集中区的钻孔发生了严重失稳,钻孔发生了严重坍塌、堵塞。

通过监测钻孔孔壁顶底部及两侧位移变化情况可知,巷道卸压区钻孔孔壁上下和两侧总变形量仅为 1.2 mm、0.5 mm,孔径基本不变,钻孔形状依然保持为准圆形;巷道原岩应力区钻孔孔壁上下和两侧总变形量为 25.1 mm、9.1 mm,孔径缩小不少,钻孔形状变为"类椭圆形";巷道应力集中区钻孔孔壁上下和两侧总变形量为 102.4 mm、32.4 mm,钻孔发生坍塌。

5.1.4.2　抽采钻孔不同部位变形失稳后卸压区分布

抽采钻孔变形失稳后三个不同部位的卸压区分布情况如图 5-11 所示。

由图 5-11 可以看出,地应力越大,钻孔变形程度越大,钻孔对周围煤体卸压效果越好,钻孔周围卸压区也越大,巷道卸压、原岩应力区和应力集中区钻孔的卸压范围依次增大;应力集中区钻孔卸压范围仅为 167 mm,因此,钻孔的变形失稳对周围煤层卸压范围很小。

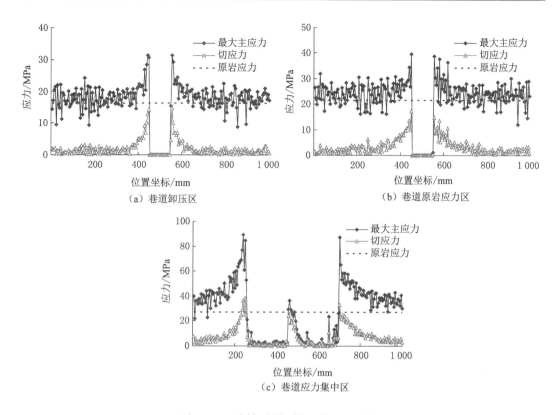

图 5-11 不同部位抽采钻孔卸压区分布

5.1.4.3 抽采钻孔不同部位变形失稳后渗透特性

抽采钻孔变形失稳后三个不同部位的钻孔周围煤层渗透率如图 5-12 和图 5-13 所示。

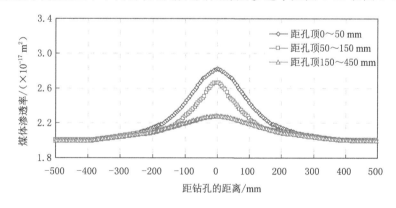

图 5-12 巷道卸压区钻孔上部煤体渗透率分布

从图 5-12 和图 5-13 中可以看出,三个区域的钻孔失稳后周围煤体渗透率变化情况基本一致,均大致呈非对称倒"V"字形变化规律,钻孔附近煤体渗透率增加较多,且越靠近钻孔的煤体渗透率增加越多;钻孔两侧煤体渗透率随着距离钻孔水平距离的增加呈先减小后增加然后趋于稳定的趋势;巷道卸压区、原岩应力区和应力集中区钻孔变形失稳造成的周围煤体渗透率变化量依次增大。

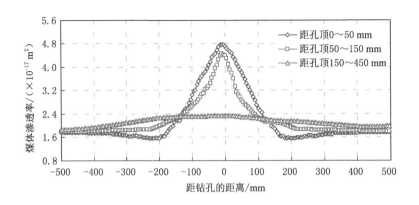

图 5-13　巷道原岩应力区钻孔上部煤体渗透率分布

5.1.4.4　松软煤层抽采钻孔易变形失稳区域分析计算

（1）松软煤层抽采钻孔易变形失稳区域分析

由前面数值分析结果可知，在仅考虑引起钻孔变形失稳的主要因素地应力及煤岩体自重因素情况下，成孔后钻孔位于巷道围岩应力集中区的部分最易发生严重失稳坍塌，位于围岩原岩应力区的部分易发生轻微变形失稳，位于围岩卸压区的部分不易发生变形失稳。

郭恒等[136]对钻孔施工至不同区域时孔壁稳定性进行了研究。他认为地质因素和钻孔施工工艺因素是钻孔孔壁稳定性的主要影响因素；并建立弹塑性力学模型分析了不同区域的孔壁煤体稳定性。结果表明，钻孔施工至围岩卸压区最容易发生垮孔，应力集中区中峰值强度附近区域容易发生垮孔和喷孔，应力集中区中峰值强度后区域发生垮孔和喷孔的概率不大，原岩应力区孔壁相对比较稳定。

钻孔联网抽采前要进行封孔，目前一般采用"两堵一注"带压封孔工艺，封堵浆液可以深入煤体微裂隙内，并产生凝聚力与煤体颗粒固结在一起，有效密封巷道卸压区漏气通道，从而达到提高瓦斯抽采效果的目的。采用此封孔工艺后，卸压区钻孔就不会发生垮孔等失稳现象。

总的来说，钻孔成孔后，钻孔位于巷道围岩应力集中区的部分，特别是应力峰值附近，容易发生失稳坍塌。

（2）松软煤层抽采钻孔易变形失稳区域计算

根据弹塑性软化理论模型，巷道围岩裂隙区和塑性区半径可以分别用式（5-26）和式（5-27）计算[137]：

$$R_x = R_0 \left[\frac{\dfrac{2}{K_p+1}(\sigma_0 + \dfrac{\sigma_c + \beta B_1}{K_p-1}) t_1^{K_p-1} - \dfrac{2(\sigma_c - \sigma_c^* + \beta B_1)}{K_p^2-1}}{\dfrac{\sigma_c^*}{K_p-1}} \right]^{\frac{1}{K_p-1}} \tag{5-26}$$

$$R_s = \frac{R_0}{t_1} \left[\frac{\dfrac{2}{K_p+1}(\sigma_0 + \dfrac{\sigma_c + \beta B_1}{K_p-1}) t_1^{K_p-1} - \dfrac{2(\sigma_c - \sigma_c^* + \beta B_1)}{K_p^2-1}}{\dfrac{\sigma_c^*}{K_p-1}} \right]^{\frac{1}{K_p-1}} \tag{5-27}$$

$$t_1 == \sqrt{\frac{\beta B_1}{\sigma_c - \sigma_c^* + \beta B_1}} , K_p = \frac{1 + \sin \varphi}{1 - \sin \varphi} , B_1 = \frac{(1 + \mu)\left[(K_p - 1)\sigma_0 + \sigma_c\right]}{K_p + 1}$$

式中 R_x——围岩裂隙区半径，m；

R_s——围岩塑性区半径，m；

R_0——巷道半径，m；

σ_0——原岩应力，MPa；

σ_c——煤岩体单轴抗压强度，MPa；

σ_c^*——煤岩体残余强度，MPa；

β——脆性系数，$\beta = M_0 / E$；

M_0——软化模量，$M_0 = \tan \theta_0$，理想弹塑性煤岩软化角 $\theta_0 = 0°$，$\beta = 0$；理想弹脆性岩体
        软化角 $\theta_0 = 90°$，$\beta = \infty$；

φ——内摩擦角，(°)。

根据式(5-26)和式(5-27)，当煤岩体参数取不同值时，分别可得到裂隙区/塑性区半径变化情况，如图 5-14 所示。

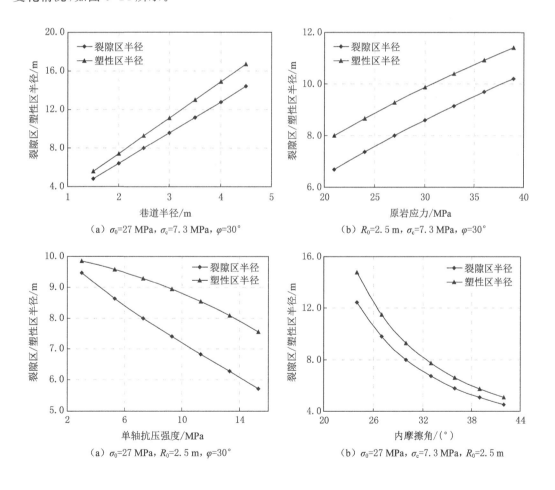

（a）σ_0=27 MPa，σ_c=7.3 MPa，φ=30°

（b）R_0=2.5 m，σ_c=7.3 MPa，φ=30°

（a）σ_0=27 MPa，R_0=2.5 m，φ=30°

（b）σ_0=27 MPa，σ_c=7.3 MPa，R_0=2.5 m

图 5-14   围岩裂隙区/塑性区半径变化情况

由图 5-14 可以看出,巷道半径对围岩裂隙区/塑性区半径影响较大;围岩裂隙区/塑性区半径分别随着巷道半径、原岩应力的增加线性增加,分别随煤岩体单轴抗压强度、内摩擦角的增加而逐渐减小。当原岩应力为 27.0 MPa、巷道半径为 2.5 m、煤体单轴抗压强度为 7.3 MPa、内摩擦角为 30°时,由式(5-26)和式(5-27)可计算出其围岩裂隙区、塑性区半径分别为 8.0 m、9.28 m;由前面分析结论可知,此时钻孔位于巷道围岩内 9.28 m 左右区域容易发生失稳坍塌。

由钻孔失稳机理分析可知,只要钻孔周围煤体承受应力超过其强度极限就会发生失稳破坏;而现场实际钻孔变形失稳情况还与巷道采掘扰动、钻孔施工情况、煤层瓦斯压力及地质情况有关,复杂的地质情况、采掘活动的扰动、钻孔施工工艺的不同等因素都会导致煤体应力分布不尽相同,这会造成现场钻孔失稳坍塌的部位有所不同;此外,钻孔封孔后由于孔口封孔区域有了支撑,煤体应力分布也会随着封孔长度的不同而有所变化,钻孔失稳坍塌部位与封孔前也有所不同。现场观测的钻孔塌孔情况也证明了这一点,如刘春博士为了考察松软煤层瓦斯抽采钻孔壁变形失稳情况,在首山矿工作面进风巷采用微型探孔摄像机对瓦斯抽采钻孔内部结构观测发现,127# 钻孔在孔深 13 m 处发生孔壁剥落、105# 钻孔在孔深 25 m 处就发生坍塌。

5.2 松软煤层抽采钻孔变形失稳模式研究

5.2.1 松软煤层抽采钻孔失稳破坏情况研究回顾

国内不少学者通过现场观测、相似模拟和数值模拟等手段对瓦斯抽采钻孔失稳破坏情况及模式进行了研究分类。胡胜勇[138]开展了钻孔径向裂隙区分布的相似模拟实验,研究了不同埋深应力状态下钻孔径向裂隙区的分布形态,如图 5-15 所示,钻孔破坏后由圆形变为椭圆形,且长轴与最大主应力方向垂直,主要在钻孔左右两侧发生失稳破坏。

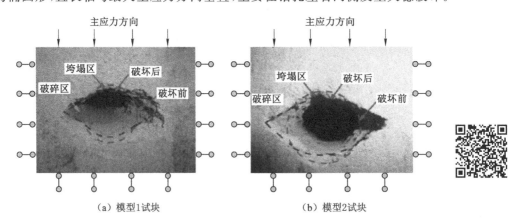

（a）模型1试块　　　　　　　　（b）模型2试块

图 5-15　钻孔失稳破坏前后形状

康红普等[139]、苏波[140]较系统地介绍了煤岩体钻孔结构观测方法和多种煤矿用钻孔窥视仪,提供了在典型矿井获得的钻孔观测图像。图 5-16 为潞安屯留煤矿硐室围岩结构观测图像,在钻孔围岩破碎段出现塌孔现象;图 5-17 为在其他典型矿井观测到的塌孔现象,从左至右依次为缩径、坍塌掉块和塑性挤出。此外,在潞安常庄煤矿对巷道顶板进行观测时,在煤层与岩层的交界面、泥岩与砂岩的交界面均观测到了明显的离层。

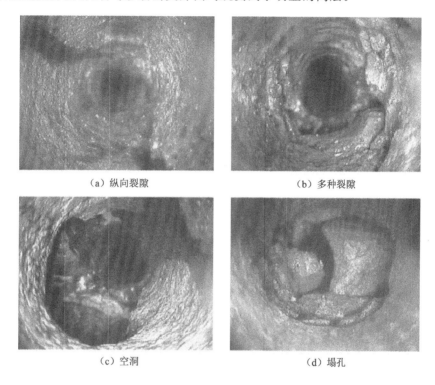

（a）纵向裂隙　　　　　　　　　　　　（b）多种裂隙

（c）空洞　　　　　　　　　　　　（d）塌孔

图 5-16　潞安屯留煤矿硐室围岩结构观测图像

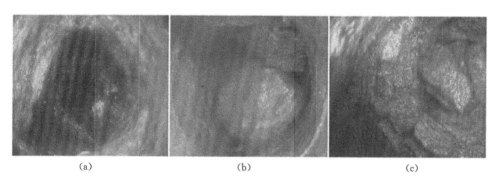

（a）　　　　　　　　　　（b）　　　　　　　　　　（c）

图 5-17　钻孔塌孔现象

刘春[14]为了考察松软煤层瓦斯抽采钻孔壁变形情况,在首山矿采用微型探孔摄像机对己$_{16-17}$-11061工作面进风巷瓦斯抽采钻孔内部结构进行视频影像观测,观测到了钻孔坍塌和变形现象,如图 5-18 所示。

刘清泉[141]在最大主应力方向水平的情况下,将顺层瓦斯抽采钻孔常见的失稳破坏模式分为零坍塌、局部坍塌、拱形坍塌和塌穿型坍塌四种,如图 5-19 所示。

刘春[14]认为抽采钻孔变形的严重程度和变形后的抽采流量均与变形后钻孔的几何形貌密切相关,并按钻孔变形后瓦斯抽采流量 Q 与未变形的圆形钻孔抽采流量 Q_1 之间的关

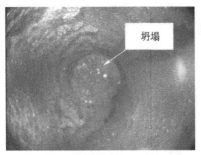 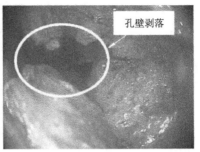

（a）105[#]钻孔孔深25 m处 　　　　　（b）127[#]钻孔孔深13 m处

图 5-18　钻孔变形塌孔示意图

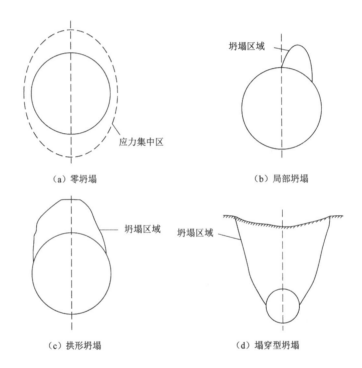

图 5-19　瓦斯抽采钻孔的四种失稳坍塌模式示意图

系将钻孔变形程度分为四级，即完整孔（$Q=Q_1$）、轻微变形或冒落（$Q_1 \geqslant Q > 0.8Q_1$）、严重缩径或显著坍塌（$0.8Q_1 \geqslant Q > 0.5Q_1$）、剧烈缩径或坍塌（$0.5Q_1 \geqslant Q$）；还按钻进成孔时间将钻孔稳定性分为钻时严重塌孔、钻后变形或剥落和钻后蠕变缩径三类。

5.2.2　松软煤层抽采钻孔变形失稳模式提出

由松软煤体蠕变变形特性及钻孔变形失稳机理可知：① 当煤层埋深较浅，其受载应力小于软煤长期强度 σ_s 时，钻孔周围煤体仅发生减速蠕变和稳定蠕变，此时钻孔只发生缩径、断面减小，而不会发生失稳破坏；若其受载应力远小于软煤长期强度，则钻孔只发生轻微缩径，断面基本不变而仍保持准圆形，钻孔基本保持完整。② 随着煤层埋深的不断增加，煤体受载应力逐渐超过软煤的长期强度 σ_s，钻孔周围煤体进入加速蠕变阶段，钻孔会发生失稳坍塌甚至堵塞;若受载应力大于软煤的长期强度 σ_s 不多,钻孔内坍塌堆积煤体的强度可以抵抗周围煤体的变形压力,钻孔坍塌就会停止而不会造成堵塞;随着周围煤体的蠕变变形的发生,钻孔断面还会不断减小。③ 若受载应力远大于软煤的长期强度 σ_s,钻孔内坍塌堆积煤体的强度无法抵抗周围煤体的变形压力,钻孔周围煤体就会不断冒落坍塌而造成堵塞;随着周围煤体的蠕变变形的发生,钻孔堵塞压实的程度会不断加大。

抽采效果是评价抽采钻孔质量的最关键准则,而钻孔抽采效果主要与钻孔的孔径及周围煤体的透气性有关。由前文数值分析结果可知,钻孔变形失稳对周围煤体透气性的影响范围很小。煤体透气性最主要的影响因素是钻孔孔径,即瓦斯有效流通横截面积。因此,本书按照钻孔变形失稳后孔径对钻孔变形失稳模式进行分类。考虑松软煤层抽采钻孔缩径和坍塌两个现象一般都会发生,结合前文数值模拟结果及前人研究成果,本书将抽采钻孔变形失稳模式分为完整孔、塌孔和堵孔三种,如图 5-20 所示。

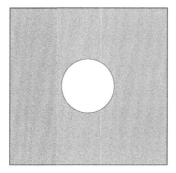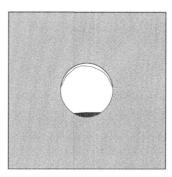

（a）完整孔

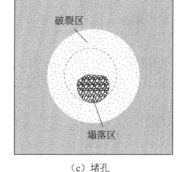

（b）塌孔　　　　　　　　　　　　（c）堵孔

图 5-20　抽采钻孔变形失稳模式示意图

完整孔的钻孔壁完好,此时钻孔未发生任何变形或者发生轻微冒落变形,钻孔断面依然保持准圆形;塌孔的钻孔部分壁面发生冒落坍塌,垮落的煤屑堆积在孔壁下部,钻孔有效流通横截面积缩小,这会造成局部抽采阻力增大;堵孔的钻孔壁面发生剧烈坍塌,垮落的煤屑完全堵塞瓦斯流动通道,这种情况下瓦斯已经很难被抽出。

6 考虑钻孔变形的负压损失计算方法研究

抽采负压是瓦斯抽采的重要参数。目前,钻孔负压损失计算方法尚不完善,对钻孔内抽采负压分布尚存在争议。本章利用搭建的抽采负压分布测试系统,测试分析了钻孔不同变形失稳情况下负压及流量分布,并结合前人研究成果及实验结果,提出了考虑钻孔变形的负压损失计算方法。

6.1 钻孔负压损失计算方法

钻孔瓦斯抽采过程中瓦斯气体的流动主要分为两部分:在属于多孔介质的煤层中渗流运动及在钻孔内变质量流的管道流动。由于钻孔内瓦斯流动的特殊性,属于变质量流,即沿程不断有孔壁上的瓦斯流体流入钻孔,钻孔内的瓦斯流动及负压损失的产生变得复杂起来。同时,钻孔内瓦斯流动和煤层内瓦斯渗流必有某种必然的联系。

6.1.1 钻孔抽采负压损失分类

煤层瓦斯在钻孔壁面和煤层瓦斯压力差的作用下源源不断地涌入钻孔,在抽采泵提供的动力作用下,钻孔内瓦斯不断由孔底流向孔口;钻孔内瓦斯在流动过程中,由于孔壁不断有瓦斯涌出,钻孔内瓦斯气体质量不断变化,钻孔内瓦斯流动属于变质量流。如图 6-1 所示,钻孔内瓦斯气体与孔壁的摩擦、流速的变化、径向流动瓦斯与钻孔内水平流动瓦斯混合、钻孔变形等因素造成钻孔内出现沿程阻力损失、加速度损失、混合损失和局部损失等抽采负压损失。

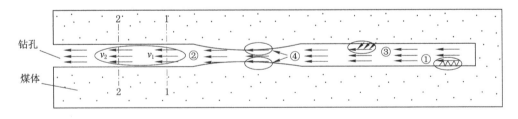

①—沿程阻力损失;②—加速度损失;③—混合损失;④—局部损失。

图 6-1 钻孔内抽采负压损失分类

(1)沿程阻力损失

沿程阻力损失是钻孔内瓦斯气体在流动中与钻孔壁面发生摩擦及气体分子之间的扰动和摩擦产生的阻力损失。一般来说,该损失在抽采负压损失中所占的比例较大,在钻孔没有发生变形或者变形失稳程度较轻时,沿程阻力损失所占比例可高达 80% 左右。沿程阻力损失可以用式(6-1)计算：

$$\Delta p_{wall} = f \frac{\Delta L}{d} \frac{\rho \bar{v}^2}{2} \tag{6-1}$$

式中　Δp_{wall}——沿程阻力损失，Pa；

　　　d——钻孔直径，m；

　　　ρ——钻孔内气体密度，kg/m³；

　　　f——孔壁沿程阻力系数；

　　　$\bar{v}$——钻孔内平均风速，m/s；

（2）加速度损失

从钻孔孔底到孔口，流经断面的瓦斯流量越来越大，同一时刻，越接近孔口处的断面，流速就越大。若钻孔发生一定的缩孔，那么接近孔口处的断面的流速就会更大。速度的增加需要消耗一定能量，那么压力就会有一定的损失。由动量定理可得加速度损失：

$$\Delta p_{acc} = \rho(v_1^2 - v_2^2) \tag{6-2}$$

式中　Δp_{acc}——加速度损失，Pa；

　　　v_1, v_2——钻孔内两断面的气体流速，m/s。

（3）混合损失

钻孔周围煤体内的瓦斯由钻孔内的负压和煤层瓦斯压力形成的压力差径向流入钻孔，流入钻孔的瓦斯具有一定的速度。径向流动瓦斯与钻孔内水平流动瓦斯混合，发生动量的交换产生混合损失。煤层透气性系数越大，孔壁瓦斯涌入量越大，造成的混合损失则越大。混合损失目前没有通用表达式，只有通过实验来近似得出。为了方便起见，根据负压损失实验测试结果对孔壁沿程阻力系数进行修正来计入混合损失。

（4）局部损失

抽采钻孔的变形失稳等因素会造成钻孔孔径的变化，钻孔孔径的突然增大或减小都会产生一定的压力损失，这种损失称为局部损失。局部损失采用局部阻力系数法进行计算，将局部损失表示成流动动能因子的一个函数，则：

$$\Delta p_f = \xi \frac{\rho v^2}{2} \tag{6-3}$$

式中　Δp_f——局部损失，Pa；

　　　v——气体流速，m/s，通常认为是局部损失后气体流速；

　　　ξ——局部阻力系数，可参照井下巷道对应局部阻力系数的计算方法。

6.1.2　钻孔负压损失计算方法

抽采钻孔内负压损失为沿程阻力损失、加速度损失、混合损失及局部损失之和，即

$$\Delta p = \Delta p_{wall} + \Delta p_{acc} + \Delta p_{mix} + \Delta p_f = f \frac{\Delta L}{d} \frac{\rho \bar{v}^2}{2} + \rho(v_1^2 - v_2^2) + \Delta p_{mix} + \xi \frac{\rho v^2}{2}$$

将混合损失通过孔壁沿程阻力系数修正处理，上式可变为：

$$\Delta p = f_i \frac{\Delta L}{d} \frac{\rho \bar{v}^2}{2} + \rho(v_1^2 - v_2^2) + \xi \frac{\rho v^2}{2} \tag{6-4}$$

式中　f_i——孔壁修正沿程阻力系数。

若不考虑钻孔变形的影响，则式(6-4)可简化为：

$$\Delta p = f_{\mathrm{i}} \frac{\Delta L}{d} \frac{\rho \overline{v}^2}{2} + \rho(v_1^2 - v_2^2) \tag{6-5}$$

式(6-4)、式(6-5)即考虑钻孔变形和不考虑钻孔变形时钻孔负压损失计算公式。

6.1.3 钻孔内负压损失的计算

对于顺层抽采钻孔(即钻孔全部位于煤层中),如图6-2所示,沿钻孔长度方向将钻孔离散得到若干个微分单元,周围煤体的瓦斯经壁面流入每个离散元中。

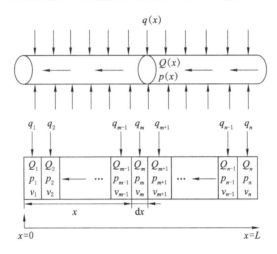

图 6-2 顺层抽采钻孔沿孔长方向离散示意图

对于距孔口 x 处的 $\mathrm{d}x$ 微元段,其孔径为 d,断面积则为 $\pi d^2/4$,假设流经此微元段的总瓦斯流量为 Q_m,钻孔内压力为 p_m,流速为 v_m,钻孔壁面向此微元段内流入瓦斯流量为 q_m;与其相邻的左侧 $\mathrm{d}x$ 微元段的总瓦斯流量、钻孔内压力、流速、壁面瓦斯流量分别为 Q_{m-1}、p_{m-1}、v_{m-1}、q_{m-1}。由连续性方程可得:

$$Q_{m-1} = Q_m + q_m, \quad v_{m-1} = 4Q_{m-1}/(\pi d^2), v_m = 4Q_m/(\pi d^2),$$

$$\overline{v} = \frac{v_m + v_{m-1}}{2} = \frac{2(Q_m + Q_{m-1})}{\pi d^2} = \frac{2(2Q_m + q_m)}{\pi d^2} \tag{6-6}$$

将式(6-6)代入前面建立的钻孔负压损失计算模型,便可得到 $\mathrm{d}x$ 微元段总负压损失:

$$\frac{\mathrm{d}p(x)}{\mathrm{d}x} = \frac{2f_{\mathrm{i}}\rho\left[2Q(x) + q(x)\right]^2}{\pi^2 d^5} + \frac{16\rho\left[q^2(x) + 2Q(x)q(x)\right]^2}{\pi^2 d^4} + \frac{16\zeta\left[2Q(x) + q(x)\right]^2}{\pi^2 d'^4} \tag{6-7}$$

式中 $p(x)$ ——距孔口 x 处的钻孔抽采压力,Pa;

　　　$Q(x)$ ——距孔口 x 处钻孔内的瓦斯抽采流量,$\mathrm{m}^3/\mathrm{min}$;

　　　d' ——钻孔变形后当量直径,m。

式(6-7)中,f_{i} 为孔壁修正沿程阻力系数,其可以根据该钻孔微元段的气体流动状态来判别计算,具体计算过程如下:

(1)判别微元段瓦斯流态。根据各微元段尺寸、流速等参数计算各微元段雷诺数 Re,判别其流动状态。

不同流态的流体的沿程阻力系数计算方法不同,尼古拉兹通过对沿程阻力系数实验研究把流体流态分为层流区($Re < 2\,320$)、过渡流区($2\,320 \leqslant Re \leqslant 4\,000$)、水力光滑管区($4\,000 < Re \leqslant 80d/\varepsilon$)、水力光滑管变为水力粗糙管的过渡区$[80d/\varepsilon < Re \leqslant 4\,160(d/2\varepsilon)^{0.85}]$和水力粗糙管区$[4\,160(d/2\varepsilon)^{0.85} < Re]$五个区域。

为了方便起见,在工程实际计算中,常以雷诺数为 2 300 作为管道流动流态判断基数,认为 $Re \leqslant 2\,300$ 时流体流态为层流,$Re > 2\,300$ 时流体流态为紊流。

(2)孔壁没有瓦斯涌出时沿程阻力系数计算。很多学者结合尼古拉兹实验结果对不同流态流体沿程阻力系数进行了研究,也都分别提出了沿程阻力系数计算方法。根据上面得到的各微元段的瓦斯流态,选择合适的公式计算没有壁面流体流入钻孔情况下的沿程阻力系数。

对于层流流态的流体,其沿程阻力系数最早由 Hagen 和 Poiseuille 经理论分析推导出,这与尼古拉兹的实验结果一致,即

$$f_0 = 64/Re \quad (Re \leqslant 2\,320) \tag{6-8}$$

式中 Re——雷诺数,$Re = vd/\upsilon$,v 为断面平均流速,υ 为运动黏性系数。

对于紊流($Re \geqslant 4\,000$)流态的流体,由于紊流的复杂性,很难用精确理论推导公式计算其沿程阻力系数。对其研究的途径一般有两个:一是根据紊流实验的测试数据综合成沿程阻力系数的纯经验公式;二是以紊流半经验理论为基础,将其与实验结果相结合整理成半经验公式。

过渡流区($2\,320 \leqslant Re \leqslant 4\,000$)流体沿程阻力系数可由扎依琴柯公式[142]计算:

$$f_0 = 0.002\,5Re^{-3} \quad (2\,320 \leqslant Re \leqslant 4\,000) \tag{6-9}$$

水力光滑管区($4\,000 < Re \leqslant 80d/\varepsilon$)流体沿程阻力系数最早由 Blasius 给出经验公式[142]:

$$f_0 = 0.316\,4Re^{-1/4} \quad (4\,000 < Re \leqslant 80d/\varepsilon) \tag{6-10}$$

后来 Nikuradse 根据大量的实验资料导出了半经验公式:

$$f_0 = [1.8\lg(Re/7)]^{-2} \quad (4\,000 < Re \leqslant 80d/\varepsilon) \tag{6-11}$$

Prandtl 也经过实验提出了隐式半经验公式:

$$f_0^{-0.5} = 2\lg Re f_0^{0.5} - 0.8 \quad (4\,000 < Re \leqslant 80d/\varepsilon) \tag{6-12}$$

水力粗糙管区$[4\,160(d/2\varepsilon)^{0.85} < Re]$流体沿程阻力系数由 von Karman 根据湍流脉动相似性假设,结合尼古拉兹的实验数据给出半经验公式[142]:

$$f_0 = (1.74 + 2\lg d/\varepsilon)^{-2} \quad [4\,160(d/2\varepsilon)^{0.85} < Re] \tag{6-13}$$

P. K. Swamee 和 A. K. Jain 通过对水力光滑管区和水力粗糙管区资料拟合均提出了适用于水力光滑管区和水力粗糙管区的通用方程[143-144]。

P. K. Swamee 提出的方程:

$$f_0 = \{1.8\lg[6.9/Re + (\varepsilon/3.7d)^{10/9}]\}^{-2} \quad 紊流(Re \geqslant 4\,000) \tag{6-14}$$

A. K. Jain 提出的方程:

$$f_0 = [1.14 - 2\lg(\varepsilon/d + 21.25Re^{-0.9})]^{-2} \quad 紊流(Re \geqslant 4\,000) \tag{6-15}$$

式中 ε——管壁粗糙度,m。

后来不少学者经过实验证明,由 Jain 公式计算的沿程阻力系数值和实验结果更为接近,且其为显式计算,计算较灵活[145]。因此,为了方便起见,本书分别采用 Hagen-Poiseuille 公式和 Jain 公式计算层流和紊流时没有壁面流体流入钻孔情况下的沿程阻力系数。为了

验证所选用计算公式的正确性,以下通过实例计算没有壁面流体流入时孔壁沿程阻力系数随雷诺数的变化关系。

取钻孔孔径为 0.094 m,当流体流量为不同值时,由 Hagen-Poiseuille 公式和 Jain 公式计算出不同粗糙程度钻孔壁面没有壁面流体流入钻孔情况下的沿程阻力系数变化规律,如图 6-3 所示。

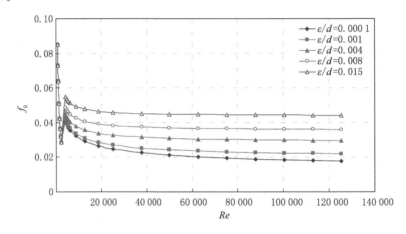

图 6-3 孔壁沿程阻力系数随雷诺数的变化规律

由图 6-3 可以看出,层流区不同粗糙程度孔壁的沿程阻力系数均在一条直线上,即其与孔壁粗糙程度无关,孔壁沿程阻力系数均随着雷诺数的增加而降低;水力光滑管区,不同粗糙程度孔壁的沿程阻力系数也基本集中在一条直线上,亦均随着雷诺数的增加而降低,与孔壁粗糙程度关系不大;水力粗糙管区,孔壁沿程阻力系数随着雷诺数的增加而保持不变,即其只与孔壁粗糙程度有关,而与雷诺数无关,孔壁越粗糙,孔壁沿程阻力系数越大。计算出的孔壁沿程阻力系数随雷诺数变化规律与尼古拉兹实验结果基本一致,说明所选择的计算孔壁沿程阻力系数的公式正确。

(3)实际钻孔沿程阻力系数计算。对于实际的钻孔,瓦斯不断由孔壁涌入钻孔,瓦斯在钻孔中流动过程属于变质量流,其沿程阻力系数不能再用上面的公式[式(6-8)、式(6-15)]计算,这里采用结合钻孔负压和流量分布实验结果及前人研究成果对式(6-8)、式(6-15)进行修正得到的综合考虑混合损失的实际钻孔沿程阻力系数 f_i。

为了获得综合考虑混合损失的实际钻孔沿程阻力系数 f_i 的计算方法,下面开展了钻孔不同变形失稳情况下的负压及流量分布实验研究。

6.2 钻孔不同变形失稳情况下负压及流量分布实验研究

6.2.1 钻孔抽采负压分布测试系统设计及测试方案

6.2.1.1 系统设计概述

设计搭建钻孔抽采负压分布测试系统,旨在通过实验室模拟顺层钻孔抽采煤层瓦斯过程,掌握钻孔变形失稳对抽采钻孔内负压及流量分布的影响,确定钻孔不同变形程度下钻孔抽采负压的计算方法。

煤层瓦斯抽采过程是在钻孔抽采负压作用下,钻孔周围煤层内存在压差,周围煤层瓦斯在压差作用下流向钻孔然后被抽出的过程。一般来说,未受采动影响的煤层透气性系数可视为各向同性,受采动影响的煤层透气性系数应作为变量考虑。如果将钻孔周围煤层透气性系数视为各向同性,即煤层渗透率为定值,煤层中瓦斯流动速度就只与煤层瓦斯压力梯度有关,煤体内瓦斯流场基本均匀。基于此设计了钻孔抽采负压分布测试系统,系统由抽气系统、压力调节系统、管路系统、压力/流量测试系统等组成。

该系统采用空气作为介质,填充物内及周围气体压力为一个大气压;系统运行时,系统周围空气在抽采负压造成的压差作用下,不断经筛孔进入填充物然后涌入钻孔内。

(1)抽气系统:由水环式真空泵、气水分离器、进水装置和排水装置等组成。如图 6-4 所示,采用淄博艾格泵业有限公司生产的 2BV2071 型水环式真空泵,其各项参数如表 6-1 所示;气水分离器采用直径 0.7 m、高 0.9 m 的圆柱形钢板水箱。

(a)真空泵　　　　　　　　　　　(b)气水分离器

图 6-4　真空泵及气水分离器

表 6-1　2BV2071 型水环式真空泵参数

名称	型号	极限压力/kPa	最大抽气量/(m³/min)	转速/(r/min)	功率/kW
水环式真空泵	2BV2071	67	3.83	2 900	3.85

(2)压力调节系统:通过旋转真空泵出口处的调压阀门,可以实现对管路系统的负压调节。

(3)管路系统:如图 6-5 所示,管路系统由装填箱、填充物和钻孔组成。考虑实际钻孔全程均有瓦斯流入,系统中的钻孔用细铁丝网卷成圆柱形制成,位于管路系统中间;在装填箱上布置筛孔作为进气口,装填箱上方可以打开,以便往里面填充物体。在相同长度的管路系统里填充相同质量的物体来保证钻孔周围填充物的透气性相同;装填箱还需要布置数量足够多且分布均匀的筛孔,以保证管路系统内流场分布均匀。

(4)压力/流量测试系统:在管路中每间隔一段距离布置一个压力、流量测点,通过皮托管、U 形汞柱计等设备进行压力、流速、流量的测试。

6.2.1.2　系统尺寸确定

由于该系统主要作用是测试抽采钻孔内负压分布,钻孔设计太短难以真实反映顺层钻孔抽采负压分布情况,结合实验室房间尺寸及现场抽采钻孔长度,拟将钻孔抽采负压分布测

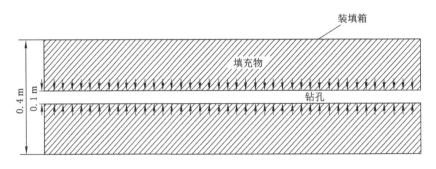

图 6-5　管路系统剖面示意图

试系统总长度定为 52 m,如图 6-6 所示。其中,钻孔长 50 m(测试段长 46.9 m),钻孔直径 0.1 m;钻孔周围用细砂填充并捣实,装填箱形状为正方形,尺寸为 0.4 m×0.4 m。管路系统实物如图 6-7 所示。

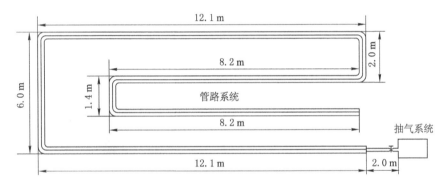

图 6-6　钻孔抽采负压分布测试系统设计示意图

（a）　　　　　　　（b）　　　　　　　（c）

图 6-7　钻孔抽采负压分布测试系统实物图

6.2.1.3　实验测试方案

　　为了研究顺层钻孔变形失稳对抽采负压和流量分布的影响,这里分别对第 5 章提出的三种钻孔变形失稳模式(完整孔、塌孔和堵孔)的钻孔抽采负压和流量分布进行了实验研究,具体方案如下。

（1）完整孔时钻孔抽采负压及流量分布测试。在装填箱里均匀填充细砂来保证管路系统透气性均匀,钻孔孔径均为 0.1 m。通过调整抽采泵出口处的调压阀门分别调整系统负压为 10.9 kPa、15.6 kPa、20.4 kPa、25.9 kPa 和 30.4 kPa,分别测试五个抽采负压下管路沿程各测点的静压和动压,进而得到系统负压和流量分布。

（2）塌孔时钻孔抽采负压及流量分布测试。现场受应力等因素的影响钻孔塌孔程度和塌孔位置都有所不同,这里对距孔底 0～18.8 m 部分钻孔发生塌孔,距孔口 0～28.1 m 部分钻孔保持完好,塌孔段钻孔径均缩小为原来的 50% 的情况进行实验分析。将塌孔段钻孔直径缩小为 0.05 m,然后填充与之前相同量的细砂,钻孔周围砂体透气性相应增加;钻孔完好段保持不变。分别测试抽采负压为 10.9 kPa、15.9 kPa、20.1 kPa、25.6 kPa 和 30.3 kPa 时的负压和流量分布。

（3）堵孔时钻孔抽采负压及流量分布测试。这里对距孔底 0～18.8 m 部分钻孔发生堵孔,距孔口 0～28.1 m 部分钻孔保持完好的情况进行实验分析。将堵孔段做钻孔的细铁丝网取出,然后填充与之前相同量的细砂,钻孔周围砂体透气性相应增加;钻孔完好段保持不变。分别测试抽采负压为 10.9 kPa、15.0 kPa、20.4 kPa、24.5 kPa 和 30.9 kPa 时的负压和流量分布。

6.2.2　钻孔抽采负压及流量分布实验结果分析

6.2.2.1　完整孔抽采负压及流量分布规律

抽采钻孔测试段长 46.9 m,钻孔孔径 0.1 m,断面完好时不同抽采负压情况下沿钻孔长度方向抽采负压及流量分布情况如图 6-8 和图 6-9 所示。

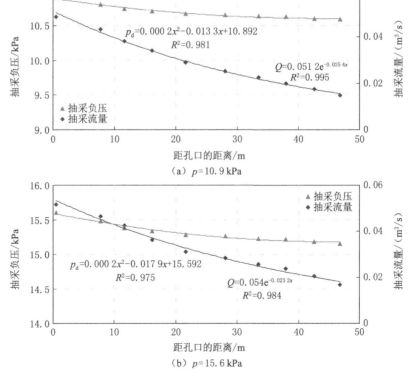

图 6-8　完整孔不同抽采负压情况下钻孔抽采负压及流量分布

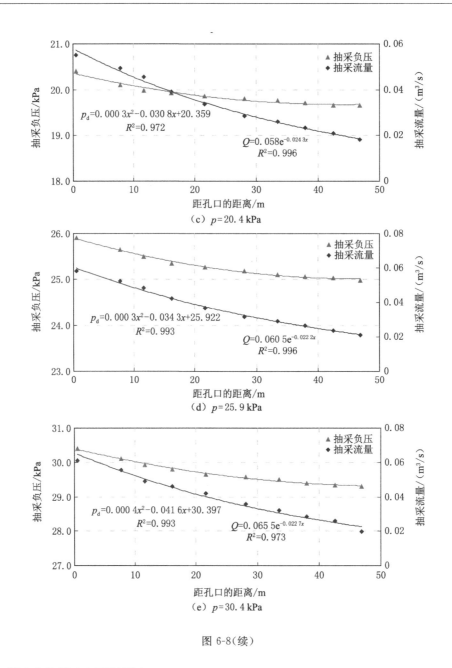

图 6-8（续）

由图 6-8 和图 6-9 可以看出：

（1）不同抽采负压情况下完整孔抽采负压沿孔长均呈二次曲线分布（见表 6-2），随着距孔口距离的增加抽采负压逐渐降低；孔口附近抽采负压降低幅度较大，随着距孔口距离的增加抽采负压降低幅度逐渐减小，这与钻孔内抽采流量分布有着直接关系。

（2）抽采负压越高孔口、孔底总负压损失越大，抽采负压分别为 10.9 kPa、15.6 kPa、20.4 kPa、25.9 kPa、30.4 kPa 时，孔口、孔底总负压损失分别为 0.32 kPa、0.44 kPa、0.75 kPa、0.92 kPa、1.10 kPa，与孔口负压相比钻孔总负压损失很小。

（3）不同抽采负压情况下完整孔抽采流量沿孔长均呈负指数曲线分布（见表 6-3），距离

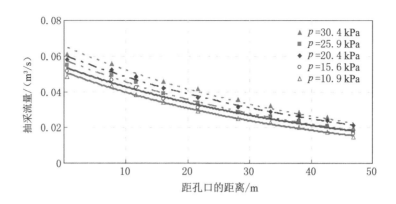

图 6-9　完整孔不同抽采负压情况下孔内抽采流量分布

孔口越近抽采流量越大。

（4）随着抽采负压的增加钻孔抽采流量有所增加，当抽采负压由 10.9 kPa 逐渐增加至 30.4 kPa 时，抽采总流量由 0.049 m³/s 逐渐增加至 0.061 m³/s；这与现场提高钻孔抽采负压可以提高瓦斯抽采流量的瓦斯抽采规律一致。

表 6-2　钻孔内抽采负压分布拟合情况

孔口负压/kPa	钻孔内抽采负压分布拟合公式	R^2
10.9	$p_d = 0.000\,2x^2 - 0.013\,3x + 10.892$	0.981
15.6	$p_d = 0.000\,2x^2 - 0.017\,9x + 15.592$	0.975
20.4	$p_d = 0.000\,3x^2 - 0.030\,8x + 20.359$	0.972
25.9	$p_d = 0.000\,3x^2 - 0.034\,3x + 25.922$	0.993
30.4	$p_d = 0.000\,4x^2 - 0.041\,6x + 30.397$	0.993

表 6-3　钻孔内抽采流量分布拟合情况

孔口负压/kPa	钻孔内抽采流量分布拟合公式	R^2
10.9	$Q = 0.051\,2e^{-0.025\,4x}$	0.995
15.6	$Q = 0.054e^{-0.023\,2x}$	0.984
20.4	$Q = 0.058e^{-0.024\,3x}$	0.996
25.9	$Q = 0.060\,5e^{-0.022\,2x}$	0.996
30.4	$Q = 0.065\,5e^{-0.022\,7x}$	0.973

综上所述，钻孔抽采负压沿钻孔长度方向均逐渐降低，且服从二次曲线分布，如式（6-16）所示。

$$p_d = Ax^2 - Bx + p_{d0} \tag{6-16}$$

式中　A,B——拟合系数；

　　　p_{d0}——孔口负压。

钻孔抽采流量沿钻孔长度方向服从负指数分布，如式（6-17）所示。

$$Q = Q_0 \mathrm{e}^{-Cx} \tag{6-17}$$

式中　C——拟合系数；

　　　Q_0——钻孔总抽采流量。

6.2.2.2　塌孔时抽采负压及流量分布规律

钻孔测试段长 46.9 m，距孔口 0～28.1 m 段钻孔保持完好，距孔口 28.1～46.9 m（共计 18.8 m）段钻孔发生塌孔，孔径由 0.1 m 变为 0.05 m。此时不同抽采负压情况下沿钻孔长度方向抽采负压及流量分布情况如图 6-10 所示。

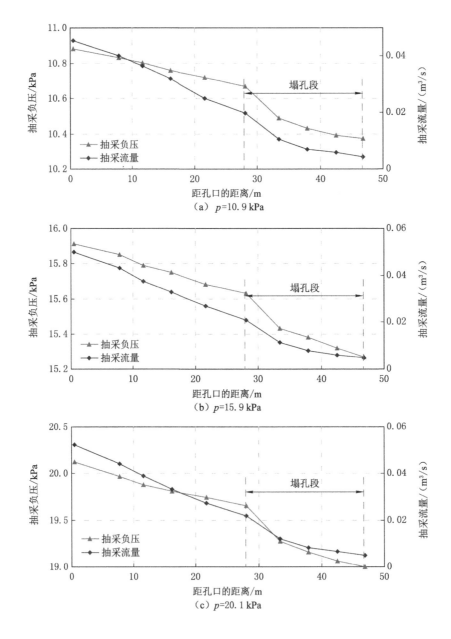

图 6-10　塌孔时不同抽采负压情况下钻孔抽采负压及流量分布

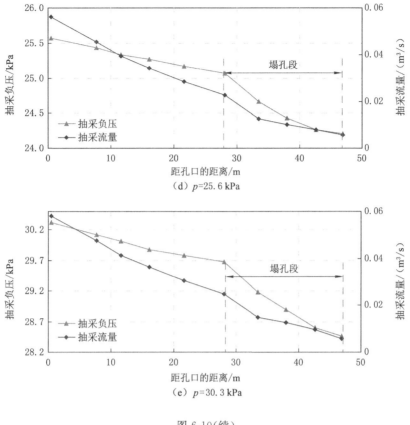

（d）$p=25.6\ \mathrm{kPa}$

（e）$p=30.3\ \mathrm{kPa}$

图 6-10（续）

由图 6-10 可以看出：

（1）钻孔完整段负压损失较小，塌孔段负压损失较大，其孔口、孔底总负压损失比完整孔总负压损失有所增加，但与孔口负压相比依旧较小。

（2）抽采负压越高，孔口、孔底总负压损失越大，抽采负压分别为 10.9 kPa、15.9 kPa、20.1 kPa、25.6 kPa、30.3 kPa 时，孔口、孔底总负压损失分别为 0.51 kPa（塌孔段 0.30 kPa）、0.64 kPa（塌孔段 0.36 kPa）、1.13 kPa（塌孔段 0.65 kPa）、1.36 kPa（塌孔段 0.86 kPa）、1.86 kPa（塌孔段 1.22 kPa）。

（3）塌孔时抽采总流量比完整孔抽采总流量略有降低，塌孔段抽采流量降低相对较明显。这主要是两方面原因造成的：一是塌孔后钻孔断面变小，造成孔壁瓦斯的涌出量减小，钻孔内流动通道不畅；二是塌孔后塌孔段负压降低导致孔壁与煤层瓦斯压力差值变小。

6.2.2.3 堵孔时抽采负压及流量分布规律

钻孔全长 46.9 m，距孔口 0～28.1 m 段钻孔保持完好，距孔口 28.1～46.9 m（共计 18.8 m）段钻孔发生堵孔。此时不同抽采负压情况下沿钻孔长度方向抽采负压及流量分布情况如图 6-11 所示。

由图 6-11 可以看出：

（1）钻孔完整段负压损失较小，堵孔段孔内煤体与周围煤体互相接触成为连续介质，堵孔段瓦斯流动变成了渗流，此段抽采压力变成了此处的煤层瓦斯压力；实验系统周围填充物

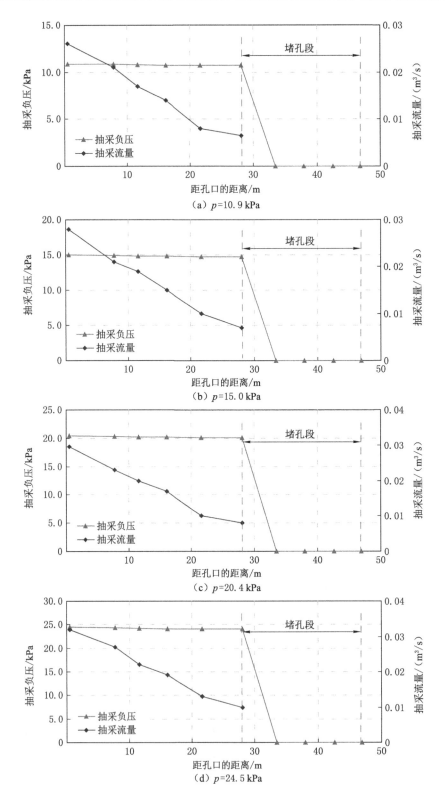

图 6-11　堵孔时不同抽采负压情况下钻孔抽采负压及流量分布

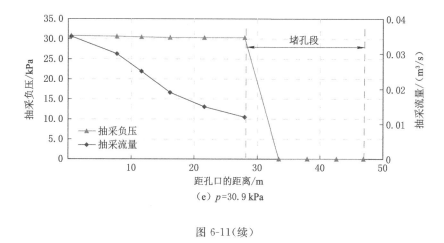

图 6-11(续)

初始压力及边界压力均为一个大气压,即相对压力为0,故测得堵孔段压力为0 kPa;对应现场煤层抽采,堵孔段测得的压力应为大于大气压力的煤层瓦斯压力。

(2)随着孔口抽采负压的增加,钻孔完整段负压损失有所增加(当孔口抽采负压由10.9 kPa逐渐增加到30.9 kPa时,钻孔完整段负压损失由0.17 kPa逐渐增加到0.60 kPa),堵孔段测得压力依旧为0 kPa。

(3)与完整孔和塌孔时抽采流量相比,堵孔时钻孔抽采流量明显降低。这主要是由于堵孔阻断了该段钻孔瓦斯的运移通道,堵孔段瓦斯无法被有效抽出,抽采钻孔有效抽采长度减小。

6.3　钻孔负压损失计算方法提出及验证

结合钻孔负压分布实验测试结果及 Ouyang 等提出的有壁面流体流入钻孔情况下的实际钻孔沿程阻力系数 f_i 的半经验公式,提出综合考虑混合损失的实际钻孔沿程阻力系数 f_i 计算公式,即

$$f_i = \frac{64}{Re}(1 + 0.043\,04Re^{0.614\,2}) \quad (Re \leqslant 2\,000) \tag{6-18}$$

$$f_i = [1.14 - 2\lg(\frac{\varepsilon}{d} + 21.25Re^{-0.9})]^{-2}(1 + 0.016\,3Re^{0.227\,8}) \quad (Re \geqslant 4\,000)$$

$$\tag{6-19}$$

过渡段($2\,000 < Re < 4\,000$)流体的沿程阻力系数可以在式(6-18)和式(6-19)之间利用线性内插法求得。

根据提出的综合考虑混合损失的实际钻孔沿程阻力系数计算公式,结合负压分布测试实验条件及测得的流量分布分别计算出完整孔和塌孔时负压损失,计算结果与实验数据对比情况如图 6-12 和图 6-13 所示。

由图 6-12 和图 6-13 可以看出,由提出的综合考虑混合损失的实际钻孔沿程阻力系数计算公式计算出来的负压损失与实验结果无论在分布规律上还是在数值上都比较相符,因此该模型公式可以用来计算抽采钻孔负压损失。

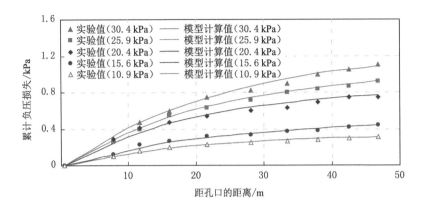

图 6-12　负压损失计算结果与实验结果对比(完整孔)

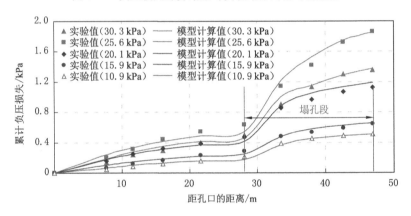

图 6-13　负压损失计算结果与实验结果对比(塌孔)

6.4　实际钻孔抽采负压分布计算

我国深部开采煤层透气性差,钻孔单孔抽采瓦斯混合流量一般为 $0.01\sim0.03$ m³/min(透气性好的煤层单孔抽采瓦斯混合流量可达 $0.06\sim0.09$ m³/min),在这么小的流量下在实验室很难准确测出其对应的动压,故根据提出的钻孔负压损失计算公式推算出钻孔直径为 0.094 m 时不同抽采流量的负压损失情况,如图 6-14 所示。

当对煤层实施保护层开采、水力冲孔等增透措施后,钻孔抽采流量可增至 $0.1\sim0.6$ m³/min,此时推算出钻孔直径为 0.094 m 时不同抽采流量的负压损失情况,如图 6-15 所示。

此外,矿井现场抽采钻孔直径一般有 0.075 m、0.094 m、0.113 m、0.130 m 及 0.150 m,抽采流量为 0.06 m³/min 时不同直径抽采钻孔的负压损失如图 6-16 所示。

由图 6-14 至图 6-16 可以看出,现场钻孔没有发生变形失稳时其总负压损失很小;钻孔直径为 0.94 m,抽采流量分别为 0.03 m³/min、0.06 m³/min、0.09 m³/min、0.3 m³/min、0.6 m³/min、0.9 m³/min 时,百米钻孔累计负压损失仅为 0.87 Pa、2.29 Pa、4.13 Pa、26.95 Pa、93.04 Pa、205.08 Pa;抽采流量为 0.06 m³/min,钻孔直径分别为 0.075 m、0.094 m、0.113 m、0.130 m 及 0.150 m 时,百米钻孔累计负压损失仅为 9.49 Pa、2.29 Pa、1.02 Pa、0.55 Pa、0.29 Pa。

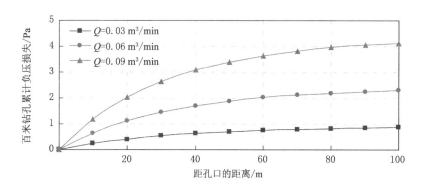

图 6-14 不同抽采流量的抽采钻孔负压损失分布(d＝0.094 m)

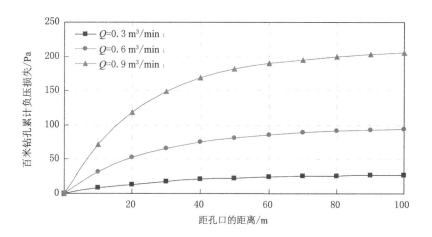

图 6-15 不同抽采流量的抽采钻孔负压损失分布(d＝0.094 m)

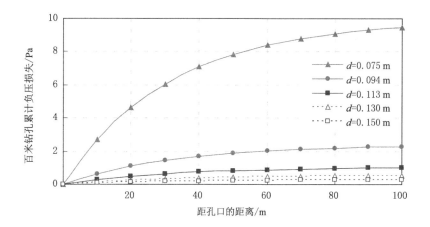

图 6-16 不同直径抽采钻孔负压损失分布(Q＝0.06 m³/min)

7 松软煤层钻孔变形失稳对瓦斯抽采的影响机制研究

本章结合前文建立的含瓦斯煤岩变形控制方程、孔内负压损失计算模型,构建了综合考虑钻孔变形失稳、煤层瓦斯运移及钻孔抽采负压动态变化的耦合数学模型;结合研究所得钻孔不同变形失稳情况下渗透率分布特征,数值分析了钻孔变形失稳对瓦斯抽采的影响。

7.1 松软煤层钻孔瓦斯抽采固流耦合理论模型建立

7.1.1 含瓦斯煤岩瓦斯运移控制方程

含瓦斯煤岩瓦斯运移控制方程由瓦斯渗流运动方程、瓦斯气体状态方程、瓦斯渗流连续性方程及瓦斯含量方程构成。

(1)瓦斯渗流运动方程

研究表明,钻孔抽采煤层瓦斯的过程是一个从微观到宏观的发展过程,瓦斯首先从煤岩微孔隙、微裂隙中流动至裂隙中,然后从裂隙流向钻孔。假设瓦斯在煤岩中流动属于层流,其流动规律可以用达西定律来描述:

$$v_{\mathrm{g}} = \frac{k_{\mathrm{g}}}{\mu_{\mathrm{g}}} (\nabla p + \rho_{\mathrm{g}} g \nabla z) \tag{7-1}$$

式中 v_{g}——瓦斯渗流速度,m/s;

k_{g}——煤岩中瓦斯的渗透率,m^2;

μ_{g}——瓦斯动力黏度,Pa·s;

ρ_{g}——瓦斯密度,$\mathrm{kg/m}^3$;

g——重力加速度。

我国煤层透气性普遍较低(渗透率一般在 $0.001 \sim 0.1~\mu\mathrm{m}^2$),特别是进入深部开采以后,受各种因素影响煤层透气性更低;而瓦斯在低渗透性煤层中的渗流具有克林肯贝格效应(滑脱效应)。考虑滑脱效应,可用修正的达西定律表达式来表示瓦斯在低渗透性煤层中的渗流规律[146]:

$$v_{\mathrm{g}} = \frac{k_{\infty}}{\mu_{\mathrm{g}}} (1 + \frac{m}{p}) (\nabla p + \rho_{\mathrm{g}} g \nabla z) \tag{7-2}$$

式中 k_{∞}——煤岩绝对渗透率,m^2;

m——克林肯贝格效应系数,Pa^{-1}。

(2)瓦斯气体状态方程

假设瓦斯为理想气体,忽略瓦斯在煤层中流动时的温度变化,则瓦斯的理想气体状态方程可表示为：

$$\rho = \frac{\rho_0}{p_0} p \tag{7-3}$$

式中 ρ_0——标准状态下的瓦斯密度，kg/m^3；

p_0——标准大气压，Pa。

（3）瓦斯渗流连续性方程

在含瓦斯煤岩中任取一微小单元体，根据瓦斯在煤岩中渗流过程负压质量守恒定律，可得到单位体积煤岩中瓦斯渗流的连续性方程：

$$\frac{\partial M}{\partial t} + \nabla \cdot (\rho_g q_g) = 0 \tag{7-4}$$

式中 M——单位体积煤岩中的瓦斯含量，kg/m^3；

t——时间，s。

（4）瓦斯含量方程

瓦斯以吸附和游离两种状态存在于煤岩孔隙中，且大多以吸附态存在（80%～90%），游离态瓦斯仅占10%～20%。煤岩中瓦斯含量可由朗缪尔方程来描述：

$$M = \frac{\rho_0}{p_0} \left(\frac{\varphi}{p_0} + \frac{ab\rho_s}{1+bp} \right) p^2 \tag{7-5}$$

式中 φ——煤岩的孔隙率；

ρ_s——煤岩的密度，kg/m^3；

a,b——吸附常数，单位分别为 m^3/kg、MPa^{-1}。

将式(7-1)至式(7-3)和式(7-5)代入式(7-4)可得瓦斯在煤岩中渗流控制方程：

$$\left[\frac{2\rho_0 \varphi p}{p_0^2} + \frac{2ab\rho_0 \rho_s p}{(1+bp)p_0} - \frac{ab^2 \rho_0 \rho_s p^2}{(1+bp)^2 p_0} \right] \frac{\partial p}{\partial t} + \frac{\rho_0 p^2}{p_0^2} \frac{\partial \varphi}{\partial t} -$$

$$\nabla \left[\frac{\rho_0 p k_\infty}{p_0 \mu_g} \left(1 + \frac{m}{p}\right)(\nabla p + \rho_g g \nabla z) \right] = 0 \tag{7-6}$$

忽略重力项的影响并约去同类项，式(7-6)可简化为：

$$2\left[\frac{\varphi p}{p_0} + \frac{ab\rho_s p}{1+bp} - \frac{ab^2 \rho_s p^2}{2(1+bp)^2} \right] \frac{\partial p}{\partial t} + \frac{2p^2}{p_0} \frac{\partial \varphi}{\partial t} - \nabla \left[\frac{k_\infty}{\mu_g} \left(1 + \frac{m}{p}\right) \nabla p^2 \right] = 0 \tag{7-7}$$

7.1.2 含瓦斯煤岩变形控制方程

第5章已经建立了含瓦斯煤岩变形控制方程，即

$$G u_{i,jj} + \frac{G}{1-2\nu} u_{j,ij} + \alpha p_i + \boldsymbol{F}_i = \boldsymbol{0} \tag{7-8}$$

7.1.3 瓦斯抽采过程中渗透率动态模型

在不考虑煤层温度的变化时，在瓦斯抽采过程中瓦斯压力不断降低，煤层孔隙率主要受有效应力和瓦斯吸附-解吸的综合影响。根据孔隙率的定义，可以推导出孔隙率的计算模型[147-148]。

$$\varphi = \frac{V_n}{V_b} = \frac{V_{n0} - \Delta V_b + \Delta V_p}{V_{n0} - \Delta V_b} = \frac{(V_{n0} - \Delta V_b + \Delta V_p)/V_V}{(V_{n0} - \Delta V_b)/V_V} = \frac{\varphi_0 - \varepsilon_V^e + \varepsilon_V^p}{1 - \varepsilon_V^e} \tag{7-9}$$

式中 ε_V^e——有效应力增加而引起的煤样体应变增量；

ε_V^a——煤层瓦斯吸附膨胀体应变量；

φ_0——煤层初始孔隙率；

V_n，V_b——分别为煤层的孔隙体积、煤层的体积。

有效应力增加而引起的体应变增量为：

$$\varepsilon_V^e = \frac{\Delta \sigma_e}{K_s} = \frac{\alpha}{K_s}(p_0 - p) \tag{7-10}$$

式中　K_s——煤层的基质体积模量。

瓦斯解吸造成的煤基质收缩体应变量为：

$$\varepsilon_V^p = \frac{4RTac\rho_m}{9EV_m}[\ln(1+bp_0) - \ln(1+bp)] \tag{7-11}$$

$$c = \frac{1}{1+0.31W}\frac{100-A-W}{100} \tag{7-12}$$

式中　E——煤体基质弹性模量，Pa；

R——摩尔气体常数，8.314 J/(mol·K)；

T——煤体温度，K；

V_m——气体摩尔体积，标准状态下约为 22.4 L/mol；

ρ_m——煤的密度，kg/m³；

A，W——灰分、水分，%。

将式(7-11)、式(7-12)代入式(7-10)整理可得：

$$\varphi = \varphi_0 - \frac{\alpha(1-\varphi_0)(p_0-p)}{K_s - \alpha(p_0-p)} + \frac{4RTac\rho_m K_s[\ln(1+bp_0) - \ln(1+bp)]}{9EV_m[K_s - \alpha(p_0-p)]} \tag{7-13}$$

利用 Kozeny-Carman 方程，可以推导出煤层瓦斯的渗透率的计算公式，即

$$k = \frac{k_0}{1+\varepsilon_V}\left(\frac{\varphi}{\varphi_0}\right)^3 \tag{7-14}$$

将式(7-13)代入式(7-14)，可得在瓦斯抽采过程中综合考虑有效应力变化和瓦斯解吸效应的煤体瓦斯渗透率的动态模型。

$$k = \frac{k_0}{1+\varepsilon_V}\left\{1 - \frac{\alpha(1-\varphi_0)(p_0-p)}{[K_s - \alpha(p_0-p)]\varphi_0} + \frac{4RTac\rho_m K_s[\ln(1+bp_0) - \ln(1+bp)]}{9EV_m[K_s - \alpha(p_0-p)]\varphi_0}\right\}^3$$
$$\tag{7-15}$$

7.1.4　瓦斯抽采过程中抽采负压动态模型

由于钻孔沿程均有瓦斯涌出，瓦斯在钻孔内流动为变质量流，为了计算方便，可将钻孔内瓦斯流动简化为若干微元段管道定质量流，即将钻孔划分为若干微元段，如图 7-1 所示。钻孔内各段负压基于孔口抽采负压与负压损失依次分段计算，如式(7-16)所示。计算每段负压损失时用平均流速代替实际流速，钻孔内沿程负压损失用第 6 章建立的负压损失计算模型计算。

$$p_i = p_d + \sum_{n=0}^{i} \Delta p_n \quad (i = 1, 2, \cdots, n) \tag{7-16}$$

$$\Delta p_n = f_i \frac{\Delta L}{d}\frac{\rho \bar{v}^2}{2} + \rho(v_n^2 - v_{n+1}^2) + \xi \frac{\rho v^2}{2} \tag{7-17}$$

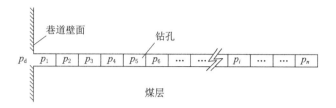

图 7-1　钻孔内负压计算示意图

$$f_i = \frac{64}{Re}(1 + 0.043\,04Re^{0.614\,2}) \quad (Re \leqslant 2\,000) \tag{7-18}$$

$$f_i = [1.14 - 2\lg(\frac{\varepsilon}{d} + 21.25Re^{-0.9})]^{-2}(1 + 0.016\,3Re^{0.227\,8}) \quad (Re \geqslant 4\,000)$$
$$\tag{7-19}$$

瓦斯抽采是一个非常复杂的固流耦合动态过程,将式(7-7)、式(7-8)、式(7-13)、式(7-15)至式(7-19)联立起来即可建立综合考虑钻孔变形失稳、煤层瓦斯运移及钻孔负压动态变化的耦合数学模型。

$$\begin{cases} 2\left[\frac{\varphi p}{p_0} + \frac{ab\rho_s p}{1+bp} - \frac{ab^2\rho_s p^2}{2(1+bp)^2}\right]\frac{\partial p}{\partial t} + \frac{2p^2}{p_0}\frac{\partial \varphi}{\partial t} - \nabla\left[\frac{k_\infty}{\mu_g}(1+\frac{m}{p})\nabla p^2\right] = 0 \\[2mm] Gu_{i,jj} + \frac{G}{1-2\nu}u_{j,ij} + \alpha p_i + F_i = 0 \\[2mm] \varphi = \varphi_0 - \frac{\alpha(1-\varphi_0)(p_0-p)}{K_s - \alpha(p_0-p)} + \frac{4RTac\rho_m K_s[\ln(1+bp_0) - \ln(1+bp)]}{9EV_m[K_s - \alpha(p_0-p)]} \\[2mm] k = \frac{k_0}{1+\varepsilon_V}\left\{1 - \frac{\alpha(1-\varphi_0)(p_0-p)}{[K_s - \alpha(p_0-p)]\varphi_0} + \frac{4RTac\rho_m K_s[\ln(1+bp_0) - \ln(1+bp)]}{9EV_m[K_s - \alpha(p_0-p)]\varphi_0}\right\}^3 \\[2mm] p_i = p_d + \sum_{n=0}^{i}\Delta p_n, \Delta p_n = f_i\frac{\Delta L}{d}\frac{\rho\overline{v}^2}{2} + \rho(v_n^2 - v_{n+1}^2) + \xi\frac{\rho v^2}{2} \\[2mm] f_i = \frac{64}{Re}(1 + 0.043\,04Re^{0.614\,2}) \quad (Re \leqslant 2\,000) \\[2mm] f_i = [1.14 - 2\lg(+21.25Re^{-0.9})]^{-2}(1 + 0.016\,3Re^{0.227\,8}) \quad (Re \geqslant 4\,000) \end{cases}$$
$$\tag{7-20}$$

7.2　物理模型的建立

本书通过多物理场耦合软件(COMSOL Multiphysics)二次开发来实现模拟研究。COMSOL Multiphysics 以高效的计算性能和杰出的多场直接耦合分析能力著称,可以实现任意多物理场的高度精确的数值仿真,广泛应用于各个领域的科学研究以及工程计算,有着巨大的二次开发功能,可以帮助客户实现更多的计算要求。

研究对象为本煤层顺层钻孔瓦斯抽采过程,建立的三维物理模型示意图如图 7-2 所示,模型尺寸(长×宽×高)为 120 m×20 m×5 m,煤层厚度为 5 m,钻孔位于煤层的中心位置,抽采钻孔长 100 m(孔口封孔长度 20 m),孔径 0.1 m。

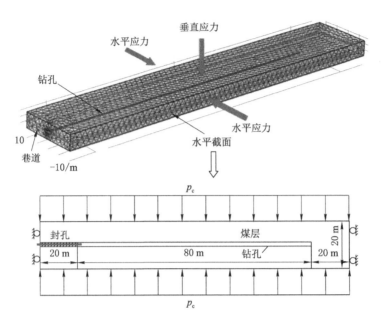

图 7-2　三维物理模型示意图

数值模拟以平顶山天安煤业股份有限公司某矿的相关物性参数为基础,该矿主采煤层埋深 1 000 m 左右,煤质松软,见表 7-1。

表 7-1　数值分析物理参数表

参数	值	单位
煤的极限瓦斯吸附量 a	28.843 6	m^3/t
煤的吸附常数 b	0.494	MPa^{-1}
标准状况下的瓦斯密度 ρ_n	0.717	kg/m^3
标准大气压 p_n	101 325	Pa
煤层初始孔隙率 φ_0	0.04	
煤层初始渗透率 k_0	0.02	mD
煤的水分 M	0.014	
煤的灰分 A	0.127	
煤的密度 ρ_s	1 380	kg/m^3
地应力 p_c	27.0	MPa
煤的泊松比 ν	0.3	
煤体的弹性模量 E	2 000	MPa
瓦斯的动力黏度 μ	1.08×10^{-5}	Pa·s
抽采钻孔半径 r	0.05	m
煤层初始瓦斯压力 p_0	1.6	MPa
抽采负压 p	14、22、30	kPa

7.3 初始条件、边界条件及模拟方案

由于研究目的是钻孔变形失稳对瓦斯抽采效果的影响,考虑各计算方案的可比性,下面数值分析的各方案的各物理参数及应力条件相同,塌孔、堵孔的各方案初始条件是钻孔已经发生了塌孔和堵孔。

初始条件:煤层内部有 1.6 MPa 的初始瓦斯压力,抽采负压分别为 14 kPa、22 kPa、30 kPa。

渗透率初值赋值:完整孔周围煤层渗透率均为初始渗透率 k_0。塌孔和堵孔时煤层渗透率初值采取分区域赋初值法进行赋值。如图 7-3 所示,将失稳段钻孔周围 1 m 范围内煤层划分为 9 个区域,9 个区域渗透率初值分布分别采用第 3 章数值模拟得到的结果,塌孔 50%、90% 和堵孔时失稳段周围煤层渗透率分布分别采用 step42、step50、step52 时渗透率分布。为了计算方便,将模拟所得渗透率分布拟合成多项式曲线,如堵孔时周围煤层渗透率分布拟合曲线如图 7-4 所示,可见拟合精度较高。不考虑煤层渗透率沿钻孔轴向的差异。失稳段钻孔周围 1 m 范围外及其他区域煤层渗透率均赋值为初始渗透率 k_0。

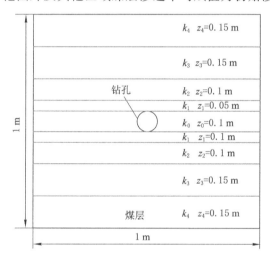

图 7-3　钻孔周围煤层区域划分情况

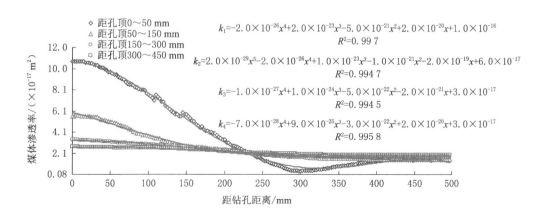

图 7-4　钻孔堵孔后上方煤体渗透率分布拟合曲线

边界条件：瓦斯仅在煤层中流动，巷道边界压力为大气压力 0.1 MPa，其余面均为零通量不通气边界，模型四周约束方式为辊支承（约束法线方向的位移），下部固定约束，上部自由，上部承受岩层重力，应力为 27.0 MPa，同时模型具有自重载荷。

孔壁抽采负压边界采用动态函数边界，每 2 m 钻孔设为一个计算微元段，从孔口至孔底分段计算负压损失进而得到该段负压；计算模型利用第 5 章建立的钻孔负压损失理论模型，模型中计算所需的孔壁流量采用与煤层瓦斯运移模型耦合计算的方法得到。

模拟方案：模拟抽采钻孔变形失稳对瓦斯抽采效果、负压分布、瓦斯抽采流量等的影响，对以下六个方案进行了数值模拟，如表 7-2 所示。

表 7-2　数值模拟方案

钻孔状态	方案	说　　明	抽采负压/kPa
完整孔	方案一	钻孔没有发生任何变形	14、22、30
塌孔	方案二	钻孔孔底 40 m 发生塌孔，钻孔孔径均缩小至原来的 50%	14、22、30
	方案三	钻孔孔底 40 m 发生塌孔，钻孔孔径均缩小至原来的 10%	14、22、30
	方案四	钻孔封孔段后 40 m 发生塌孔，钻孔孔径均缩小至原来的 50%	14、22、30
	方案五	钻孔封孔段后 40 m 发生塌孔，钻孔孔径均缩小至原来的 10%	14、22、30
堵孔	方案六	钻孔孔底 40 m 发生堵孔	14、22、30

7.4　松软煤层钻孔变形失稳对瓦斯抽采影响的数值分析

7.4.1　抽采钻孔变形失稳对抽采负压分布的影响

7.4.1.1　完整孔时抽采负压分布

钻孔没有发生变形（即完整孔）时，不同抽采时间、不同抽采负压时钻孔抽采负压分布如图 7-5 所示。

由图 7-5 可以看出：① 完整孔孔内抽采负压的分布规律是，随着距孔口距离的不断增加，孔内抽采负压逐渐减小。这是由于孔内瓦斯流量从孔口至孔底不断减小。② 完整孔的抽采负压损失整体较小，这与钻孔抽采的瓦斯量较少有关；随着抽采时间的延长，由于抽采流量的不断衰减，钻孔负压损失进一步逐渐减小。③ 随着抽采负压的升高，钻孔负压损失有所增加，但增加量不大。抽采负压分别为 14 kPa、22 kPa、30 kPa 时，100 m 钻孔抽采 1 d 时总负压损失分别仅为 6.6 Pa、9.8 Pa、10.9 Pa，分别仅占孔口抽采负压的 0.05%、0.04%、0.04%；抽采 10 d 时总负压损失分别仅为 0.9 Pa、1.4 Pa、1.6 Pa；抽采 30 d 时总负压损失分别仅为 0.3 Pa、0.5 Pa、0.6 Pa。负压损失与孔口抽采负压相比相差太多，故其导致的孔口、孔底附近煤层瓦斯分布的差异几乎可以忽略。

7.4.1.2　塌孔时抽采负压分布

钻孔发生塌孔时，不同抽采时间、不同抽采负压时钻孔抽采负压分布如图 7-6 至图 7-9 所示。

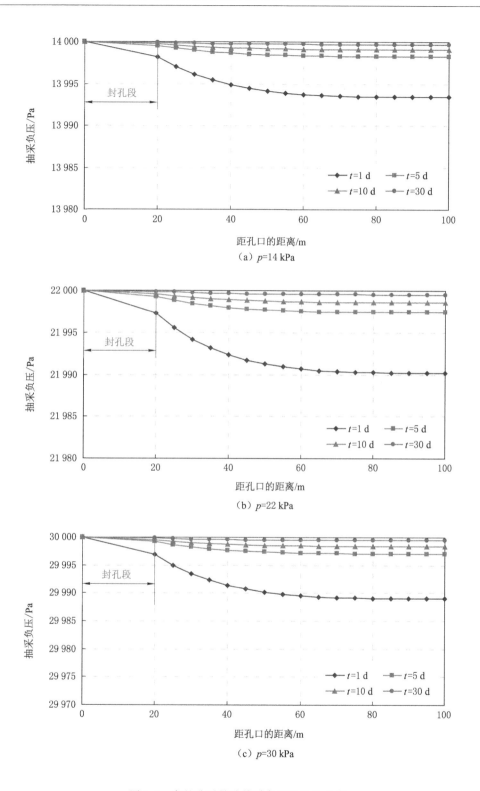

（a）p=14 kPa

（b）p=22 kPa

（c）p=30 kPa

图 7-5 完整孔时钻孔抽采负压沿孔长分布

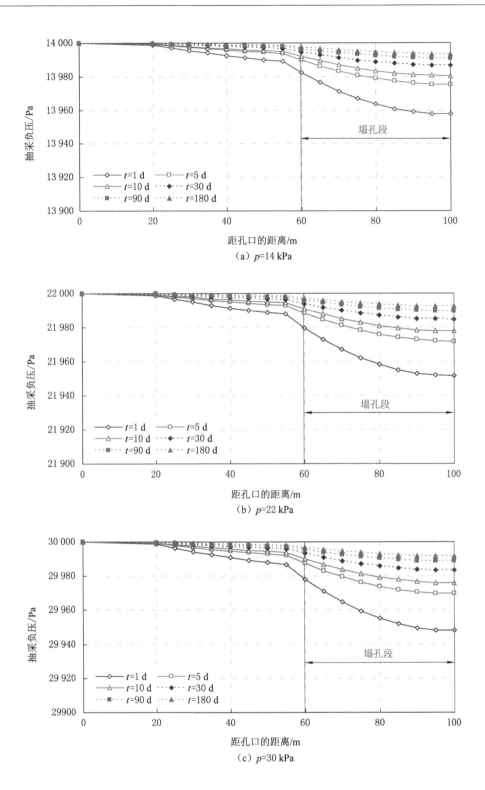

图 7-6　孔底塌孔 50%时钻孔抽采负压沿孔长分布

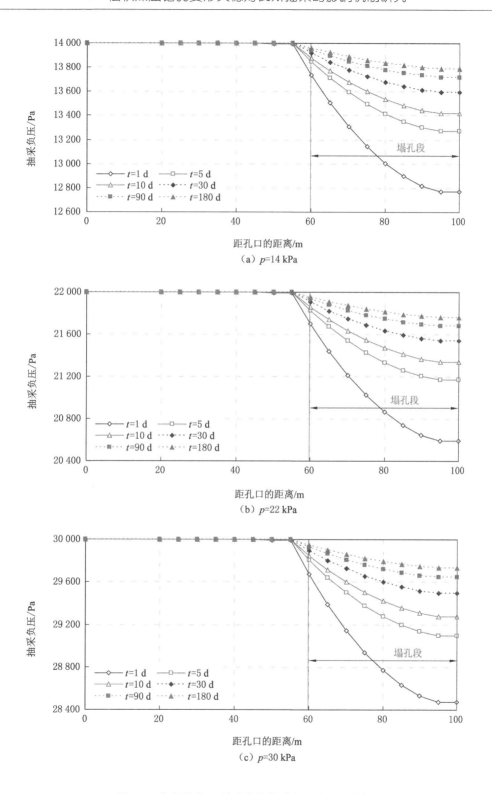

图 7-7 孔底塌孔 90％时钻孔抽采负压沿孔长分布

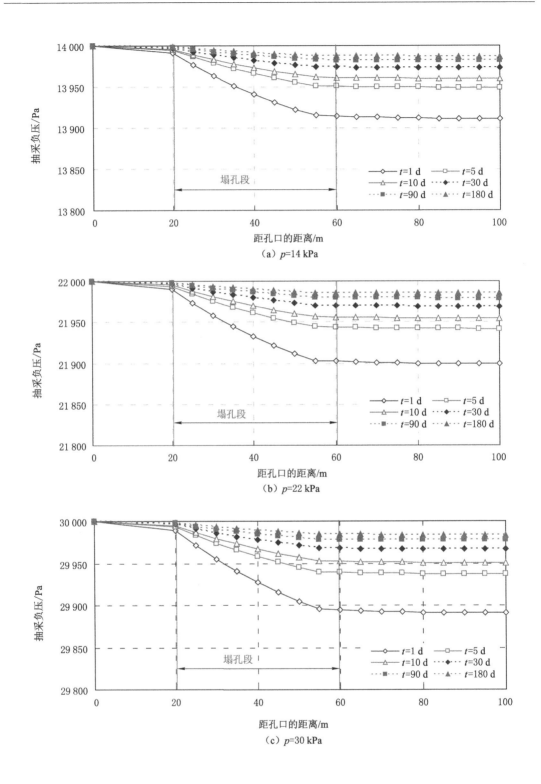

图 7-8　封孔段后塌孔 50% 时钻孔抽采负压沿孔长分布

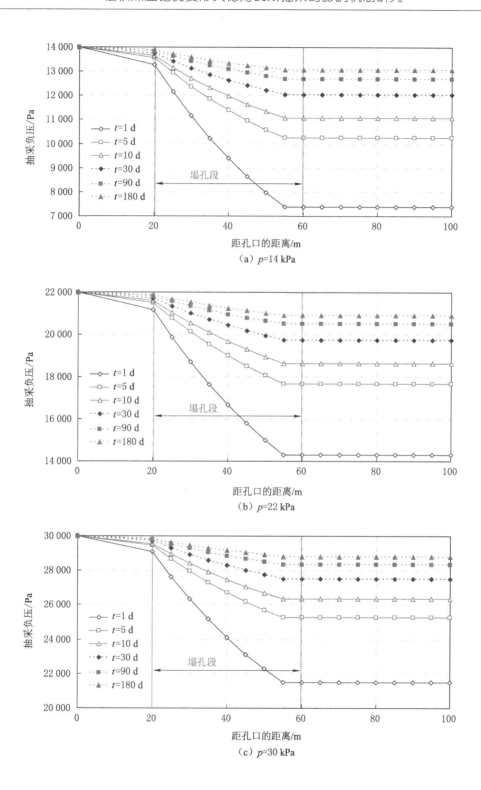

图 7-9　封孔段后塌孔 90% 时钻孔抽采负压沿孔长分布

由图 7-6 至图 7-9 可以看出：① 钻孔发生塌孔时，由于塌孔段钻孔断面减小，该段负压损失变大，完整段负压损失相对较小；随着抽采时间的延长，抽采流量不断衰减，负压损失不断减小。② 随着抽采负压升高，负压损失有所增加；与完整孔相比，塌孔时总负压损失较大。③ 随着钻孔塌孔的逐渐严重，钻孔有效抽采断面逐渐变小，钻孔内负压损失会不断增加，瓦斯抽采效果也会有所变差。④ 塌孔发生在孔口附近时负压损失较大，这是因为孔口附近抽采流量较大。

钻孔不同部位发生不同程度塌孔时其总负压损失如表 7-3 所示。

表 7-3　不同塌孔情况下钻孔总负压损失

塌孔情况	抽采负压/kPa	钻孔总负压损失/Pa					
		1 d	5 d	10 d	30 d	90 d	180 d
孔底塌孔 50%	14	42.4	24.5	19.5	13.5	9.1	6.7
	22	48.4	28.2	22.2	15.2	10.4	7.7
	30	52.0	30.3	24.0	16.6	11.4	8.5
孔底塌孔 90%	14	1 232.7	727.5	580.5	404.1	279.7	208.8
	22	1 405.7	829.7	662.6	462.3	322.7	240.8
	30	1 526.2	902.3	722.4	505.4	354.4	265.8
封孔段后塌孔 50%	14	88.7	50.9	40.0	26.9	18.0	12.9
	22	101.1	58.0	45.6	30.7	20.6	14.8
	30	109.1	62.8	49.4	33.4	22.5	16.3
封孔段后塌孔 90%	14	6 626.1	3 761.1	2 925.4	1 975.1	1 318.0	949.6
	22	7 699.6	4 324.5	3 356.5	2 262.0	1 510.8	1 091.1
	30	8 513.6	4 735.4	3 668.9	2 471.6	1 653.2	1 198.5

由表 7-3 可以看出：① 钻孔孔底塌孔 50% 时，钻孔负压损失较小；随着抽采时间的延长负压损失逐渐减小，抽采负压为 30 kPa 时抽采 1 d、90 d 总负压损失仅为 52.0 Pa 和 11.4 Pa，仅占孔口抽采负压的 0.17% 和 0.04%。② 封孔段后塌孔 50% 时，总负压损失有所增加，大致为孔底塌孔 50% 时负压损失的 2 倍左右，其值也相对较小。③ 钻孔孔底塌孔 90% 时，钻孔负压损失增加不少；抽采负压为 30 kPa 时抽采 1 d、90 d 总负压损失为 1 526.2 Pa 和 354.4 Pa，这也仅占孔口抽采负压的 5.1% 和 1.2%。④ 封孔段后塌孔 90% 时，钻孔负压损失增加较多；抽采负压为 30 kPa 时抽采 1 d、90 d 总负压损失为 8 513.6 Pa 和 1 653.2 Pa，占孔口抽采负压的 28.4% 和 5.5%。⑤ 随着孔口抽采负压的增加，总负压损失有所增加，但其所占孔口抽采负压的比例逐渐减小。

总的来说，钻孔发生轻微塌孔时其负压损失较小，其对瓦斯抽采效果的影响也很小；只有当钻孔发生严重塌孔时负压损失才会较大，但其值随着抽采时间的延长会快速降低，钻孔整个抽采周期内平均负压损失与孔口抽采负压相比依旧较小；塌孔发生在孔口附近时负压损失较大，这主要是由于孔口附近流量较大。随着孔口抽采负压的增加，负压损失有所增加，但增加量不大，其所占孔口抽采负压的比例逐渐减小。

7.4.1.3 堵孔时抽采负压分布

钻孔发生堵孔时,不同抽采时间、不同抽采负压时钻孔抽采负压分布如图 7-10 所示。

由图 7-10 可以看出,钻孔发生堵孔时,完整段抽采压力变化相对较小,且仍然为负压;堵孔段被钻孔周围坍塌的煤体充满,孔内煤体与周围煤体形成了连续介质,使得该段抽采压力变成了煤层瓦斯压力,且越靠近钻孔底部越接近附近煤层瓦斯压力。

7.4.2 抽采钻孔变形失稳对瓦斯抽采流量的影响

完整孔及钻孔发生堵孔、塌孔时,钻孔瓦斯抽采流量沿孔长分布及随时间变化规律分别如图 7-11 至图 7-16 所示。

7.4.2.1 完整孔时瓦斯抽采流量分布

完整孔时,钻孔瓦斯抽采流量沿孔长分布及随时间变化规律分别如图 7-11 和图 7-16 所示。

由图 7-11 和图 7-16 可以看出,从孔底至孔口煤层中瓦斯沿程不断流入钻孔,随着距孔口距离的减小孔内抽采流量不断增加;随着抽采时间的延长,瓦斯抽采流量不断衰减;抽采负压越高,瓦斯抽采流量越大,但其增加幅度不大。这都与现场瓦斯抽采规律一致。完整孔时钻孔瓦斯抽采流量沿孔长分布呈负指数关系,这与前面实验测得的钻孔抽采负压分布规律一致。

7.4.2.2 塌孔时瓦斯抽采流量分布

钻孔发生塌孔时,钻孔瓦斯抽采流量沿孔长分布及随时间变化规律分别如图 7-12 至图 7-16 所示。

由图 7-12 和图 7-13 可以看出,孔底塌孔时,由于孔底塌孔段有效断面减小,塌孔段瓦斯抽采流量有所减小,这使得钻孔瓦斯抽采流量沿孔长不再呈负指数分布;随着抽采负压的升高,钻孔瓦斯抽采流量有所增加;与完整孔时相比,发生塌孔的钻孔瓦斯抽采流量有所降低,塌孔越严重降低幅度越大;孔口抽采负压为 30 kPa,抽采 90 d 后塌孔 50% 和 90% 时瓦斯抽采流量比完整孔的瓦斯抽采流量分别降低 9.8%、38.7%。

由图 7-14 和图 7-15 可以看出,孔口封孔段后塌孔时,塌孔段成了卡脖子段,阻碍了孔内瓦斯的流动畅通,由于孔口附近瓦斯流量较大,塌孔段及整个钻孔负压损失较大,钻孔瓦斯抽采流量急剧减小;与完整孔时相比,封孔段后发生塌孔钻孔瓦斯抽采流量明显降低,塌孔越严重降低幅度越大;孔口抽采负压为 30 kPa,抽采 90 d 后塌孔 50% 和 90% 时瓦斯抽采流量比完整孔的瓦斯抽采流量分别降低 44.3%、69.6%,封孔段后塌孔对瓦斯抽采效果影响较大。

7.4.2.3 完整孔、塌孔、堵孔时瓦斯抽采流量变化情况

完整孔及钻孔发生塌孔、堵孔时,孔口抽采负压为 30 kPa 时钻孔瓦斯抽采流量随时间变化规律如图 7-16 所示。

由图 7-16 可以看出,钻孔完整时抽采效果较好;孔底塌孔 50% 时瓦斯抽采流量与完整孔差别不大,塌孔程度增加至 90% 时瓦斯抽采流量降低不少;孔口附近发生塌孔对瓦斯抽采效果影响较大,瓦斯抽采流量降低较多;钻孔堵孔造成钻孔有效抽采长度变短,会使得抽采效果非常差。

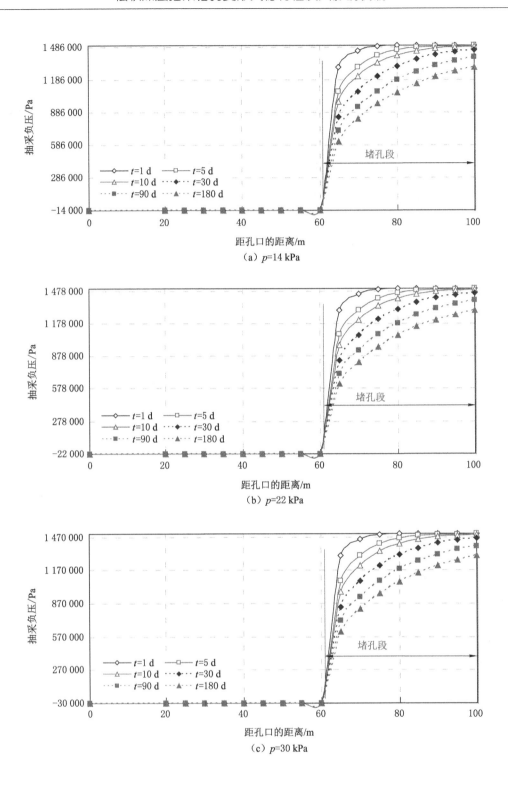

图 7-10　孔底堵孔时钻孔抽采负压沿孔长分布

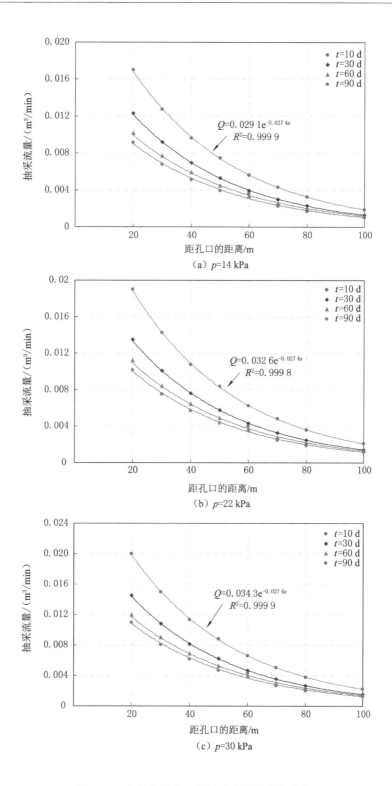

图 7-11　完整孔钻孔瓦斯抽采流量沿孔长分布

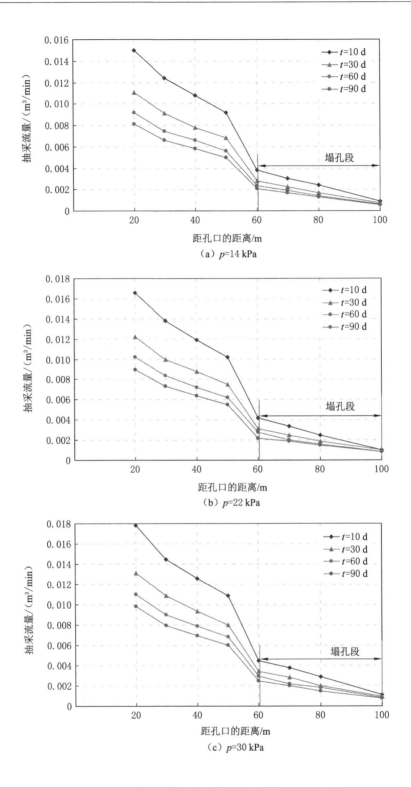

图 7-12　孔底塌孔 50％时钻孔瓦斯抽采流量沿孔长分布

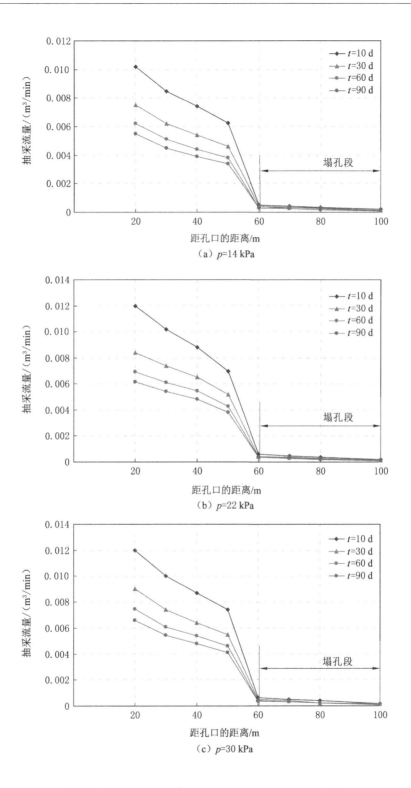

图 7-13　孔底塌孔 90％时钻孔瓦斯抽采流量沿孔长分布

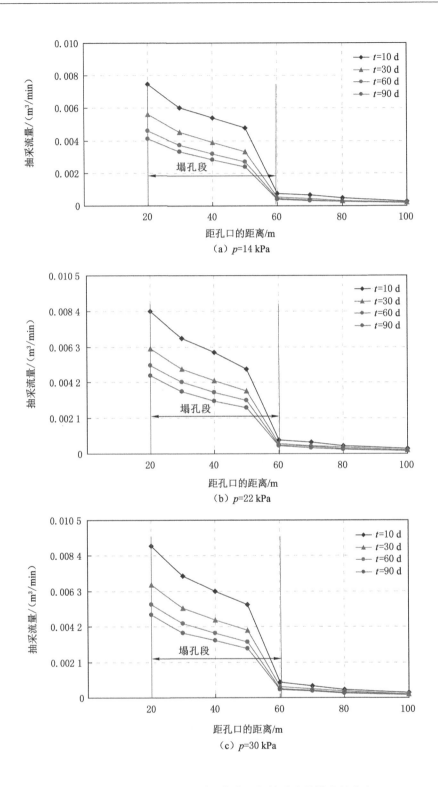

（a）p=14 kPa

（b）p=22 kPa

（c）p=30 kPa

图 7-14　封孔段后塌孔 50％时钻孔瓦斯抽采流量沿孔长分布

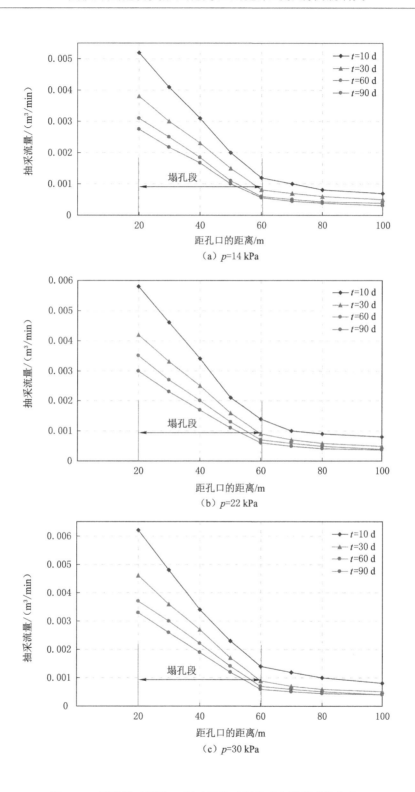

图 7-15 封孔段后塌孔 90％时钻孔瓦斯抽采流量沿孔长分布

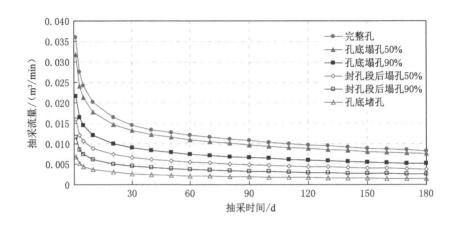

图 7-16　钻孔瓦斯抽采流量变化规律

钻孔整个抽采期间,孔口塌孔 90％时抽采流量均大致占完整孔抽采流量的 31％,孔底发生堵孔时抽采流量均大致占完整孔抽采流量的 18％。如果开始抽采时钻孔没有发生失稳,此时钻孔抽采流量随抽采时间的延长稳定衰减,其衰减量所占的比例较小;当钻孔突然发生严重坍塌及堵塞时,钻孔抽采流量会突然大幅度衰减,由文中研究可知大致会下降至失稳前抽采流量的 18％～31％。因此,现场可以通过监测钻孔抽采流量及浓度、统计分析钻孔瓦斯抽采纯量的衰减情况判断钻孔是否发生了严重坍塌或堵塞。苏现波等[149]在综合考虑已有抽采钻孔瓦斯抽采纯量、浓度及其衰减情况和区域瓦斯地质条件的基础上,将单孔瓦斯抽采纯量降至钻孔最初瓦斯抽采纯量的 1/5 作为判定钻孔发生塌堵的条件。由此可看出,将钻孔瓦斯抽采纯量衰减情况作为判断钻孔是否发生严重塌孔或堵孔的指标之一是可行的。

7.4.3　抽采钻孔变形失稳对瓦斯抽采效果的影响

煤层瓦斯含量是煤层瓦斯的重要基础参数,是矿井进行煤与瓦斯突出危险性鉴定及消突评价等的重要参数,故用孔口抽采负压为 30 kPa 钻孔变形失稳时钻孔周围煤层瓦斯含量分布来描述钻孔变形失稳对瓦斯抽采效果的影响。

7.4.3.1　完整孔周围煤层瓦斯含量分布

钻孔没有发生变形(即完整孔)时(方案一),不同抽采时间情况下煤层瓦斯含量分布如图 7-17 所示(图中,横向坐标表示距孔口的水平距离,单位为 m;纵向坐标表示距孔口中心的垂直距离,向上为正,单位为 m;下同)。

由图 7-17 可以看出,受抽采钻孔的影响,煤层瓦斯在钻孔周围形成椭圆状的卸压区;随着抽采时间的延长,抽采钻孔周围煤层瓦斯含量不断降低,卸压区不断增大,但增大的幅度逐渐降低并趋于稳定;由于完整孔内负压损失很小,孔口、孔底周围煤体内瓦斯含量分布几乎相同,孔口、孔底因负压损失导致的周围煤体瓦斯抽采效果差异基本可以忽略。

7.4.3.2　塌孔时周围煤层瓦斯含量分布

钻孔孔底、封孔段后发生塌孔 50％、90％时(方案二、三、四、五),不同抽采时间情况下煤层瓦斯含量分布如图 7-18 至图 7-21 所示。

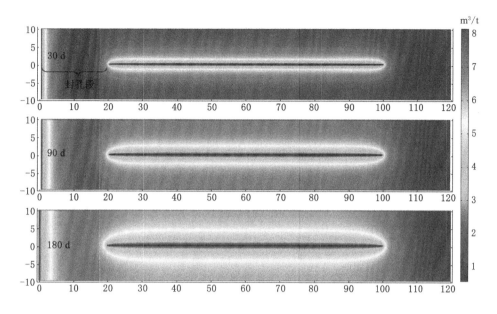

图 7-17 完整孔不同抽采时间煤层瓦斯含量分布

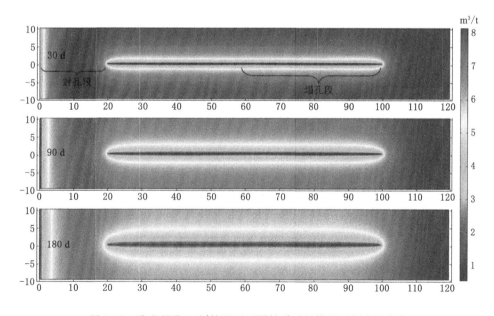

图 7-18 孔底塌孔 50％情况下不同抽采时间煤层瓦斯含量分布

由图 7-18 至图 7-21 可以看出,钻孔塌孔对钻孔周围煤层瓦斯含量分布影响较小;与完整孔周围煤层瓦斯含量分布相比,塌孔时瓦斯含量分布仅在塌孔段钻孔附近稍有不同,其他位置煤层瓦斯含量分布与完整孔时基本一致。

7.4.3.3 堵孔时周围煤层瓦斯含量分布

孔底 40 m 发生堵孔时(方案六),不同抽采时间情况下煤层瓦斯含量分布如图 7-22 所示。

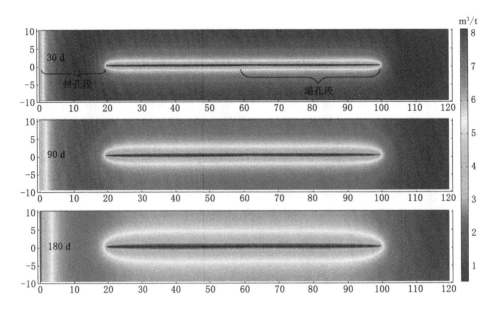

图 7-19　孔底塌孔 90％情况下不同抽采时间煤层瓦斯含量分布

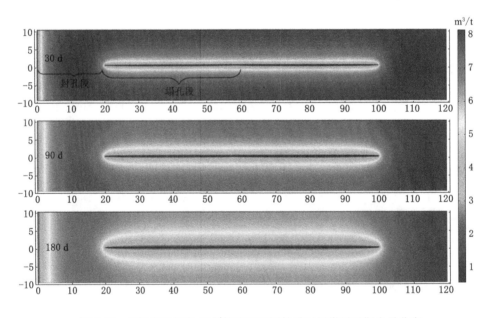

图 7-20　封孔段后塌孔 50％情况下不同抽采时间煤层瓦斯含量分布

　　由图 7-22 可以看出,钻孔堵孔对瓦斯抽采效果影响比较大;堵孔段孔内煤体与周围煤体互相接触成为连续介质,堵孔段瓦斯流动变成了瓦斯在煤体中的渗流,此段抽采压力变成了此处的煤层瓦斯压力,这导致堵孔段无法抽采瓦斯卸压,因此堵孔段周围煤层瓦斯含量较高;此外,堵孔造成堵孔段附近煤层透气性发生变化,即堵孔段煤层透气性变好,这使得钻孔未堵孔段底部附近煤层瓦斯分布与完整孔孔底部煤层瓦斯分布有一定差别,钻孔未堵孔段底部附近煤层卸压区较大。

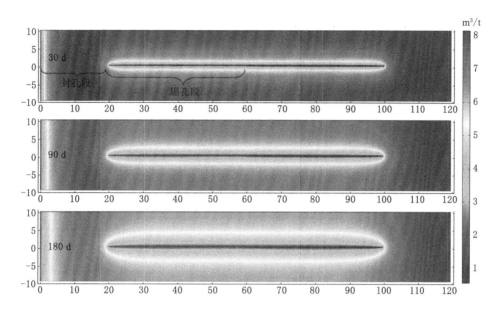

图 7-21 封孔段后塌孔 90％情况下不同抽采时间煤层瓦斯含量分布

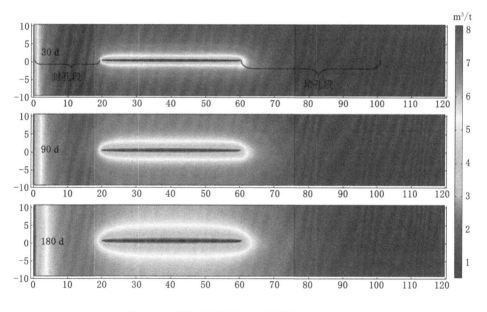

图 7-22 堵孔时不同抽采时间煤层瓦斯含量分布

7.4.4 抽采钻孔变形失稳对钻孔有效抽采半径的影响

为了进一步研究钻孔变形失稳对钻孔有效抽采半径的影响,以孔口抽采负压为 30 kPa 为例,在孔底和孔口分别设置监测线,监测不同抽采时间的瓦斯压力分布,分析钻孔变形失稳对钻孔有效抽采半径的影响。根据《煤矿瓦斯抽采达标暂行规定》,将煤层残余瓦斯压力低于 0.74 MPa 的抽采达标区域半径定义为有效抽采半径。

钻孔变形失稳时孔口与孔底周围煤层瓦斯压力分布如图 7-23 所示。

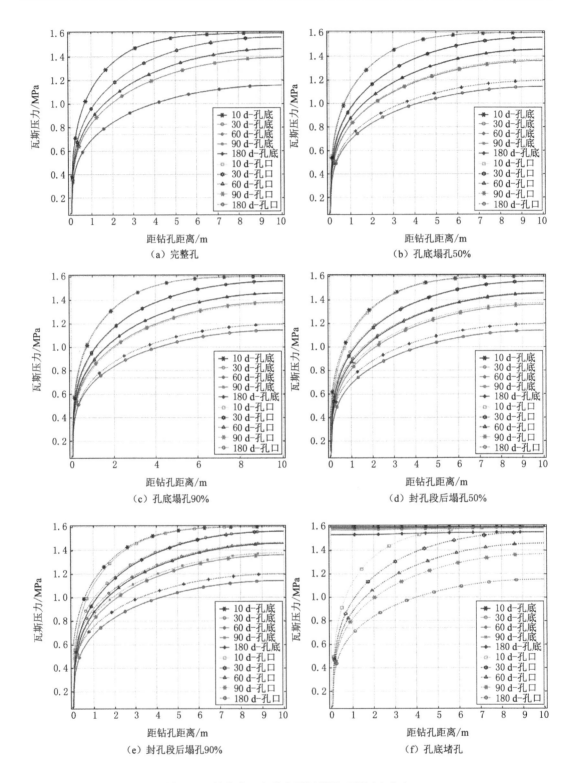

图 7-23　钻孔孔口和孔底周围煤层瓦斯压力分布

钻孔变形失稳时孔口与孔底有效抽采半径随抽采时间变化情况如图 7-24 所示。

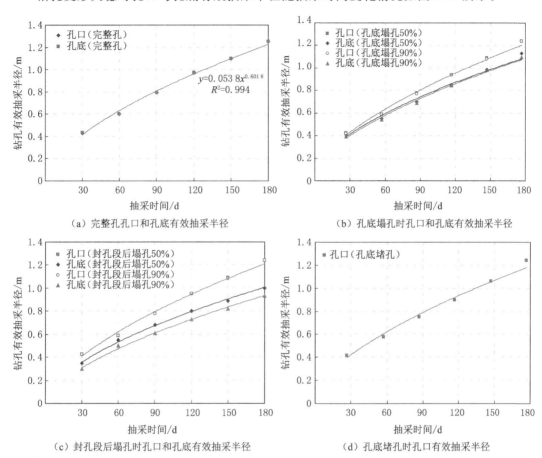

（a）完整孔孔口和孔底有效抽采半径　　　（b）孔底塌孔时孔口和孔底有效抽采半径

（c）封孔段后塌孔时孔口和孔底有效抽采半径　　（d）孔底堵孔时孔口有效抽采半径

图 7-24　钻孔孔口与孔底有效抽采半径随抽采时间变化情况

由图 7-23 及图 7-24 可以看出：

（1）完整孔时，孔口、孔底不同抽采时间的煤层瓦斯压力分布及有效抽采半径均基本相同，故完整孔负压损失对煤层瓦斯抽采效果的影响基本可以忽略。

（2）孔底塌孔时，抽采初期孔口、孔底周围煤层瓦斯压力分布较接近；随着抽采时间的延长，孔底和孔口周围煤层瓦斯压力分布差异有所变大，两者有效抽采半径差异也有所增加；抽采 180 d 时，孔底塌孔 50% 和 90% 孔口、孔底有效抽采半径分别相差 0.11 m 和 0.14 m，分别占其孔口有效抽采半径的 8.9% 和 11.3%，可见其差距不大。孔底塌孔 50% 和 90% 时，孔口周围煤层瓦斯压力分布基本一样，两者有效抽采半径随时间变化曲线也基本重合，其与完整孔的有效抽采半径随时间变化曲线基本相同；孔底周围煤层瓦斯压力分布及有效抽采半径随时间变化曲线略有差别。

（3）封孔段后塌孔时，同样是随着抽采时间的延长，孔口、孔底周围煤层瓦斯压力分布差异及有效抽采半径差异逐渐增大；抽采 180 d 时，封孔段后塌孔 50% 和 90% 孔口、孔底有效抽采半径分别相差 0.24 m 和 0.31 m，分别占其孔口有效抽采半径的 19.4% 和 25.0%，差距比孔底塌孔时大。封孔段后塌孔 50% 和 90% 时，孔口周围煤层瓦斯压力分布及有效抽采半径随时间变化曲线也基本相同,与完整孔的有效抽采半径随时间变化曲线也相差无几;孔底周围煤层瓦斯压力分布及有效抽采半径随时间变化曲线有一定差别,抽采 180 d 时,两者孔底有效抽采半径相差0.07 m。

(4)孔底堵孔时,孔口、孔底周围煤层瓦斯压力分布差异巨大,孔口有效抽采半径随时间变化曲线与完整孔有效抽采半径随时间变化曲线差别很小。

7.5　研究结果分析及启发

由前文实验室测试结果及本章数值分析结果可知:① 完整孔负压损失较小,负压损失对瓦斯抽采效果的影响可以忽略;② 塌孔时,塌孔段负压损失会突然增加,其总负压损失比完整孔大,塌孔位置越接近孔口负压损失越大,塌孔越严重负压损失越大,其对瓦斯抽采效果的影响亦相对越大;③ 堵孔时,孔内堵塞煤体与周围煤体形成连续介质,孔内压力成了煤层瓦斯压力,失稳段无法抽采瓦斯,严重影响瓦斯抽采效果。

研究结论与一般认为的钻孔坍塌会严重影响瓦斯抽采效果有些差别,分析其原因有以下几点:

(1)目前对现场钻孔坍塌状况的研究不够深入。钻孔施工过程中,可以根据钻屑量大小及是否出现顶钻、夹钻等现象大致判断钻孔失稳位置;成孔后,目前现场常用人工探测法及钻孔窥视仪探测法探测钻孔坍塌情况。钻孔施工过程中会出现孔位漂移现象,成孔后钻孔存在一些弯曲,再加上孔径收缩等因素,人工探测法及钻孔窥视仪探测法往往很难准确探测出钻孔坍塌位置,对于钻孔坍塌的长度及坍塌的程度更难以探测到。若钻孔瓦斯抽采浓度及抽采流量低了,往往就定性地认为是钻孔坍塌引起的,钻孔坍塌至何种程度及是不是堵孔了都不得而知。

(2)抽采负压对瓦斯抽采效果影响较小。前文研究得到钻孔塌孔造成的负压损失与孔口抽采负压相比较小,封孔段后 40 m 塌孔 90%、孔口抽采负压为 30 kPa 时,抽采 1 d、30 d 和 180 d 时,100 m 钻孔总负压损失分别为 8.51 kPa、2.47 kPa、1.20 kPa,分别占孔口抽采负压的 28.4%、8.2% 和 4%。前人大量的研究表明,抽采负压对煤层瓦斯的分布影响较小,由于抽采压力和煤层瓦斯压力相差较大,这就导致不同抽采负压抽采一段时间后煤层瓦斯分布基本一样。因此,钻孔坍塌即便导致较大的负压损失,其对瓦斯抽采效果的影响也很小。

(3)钻孔失稳坍塌对周围煤层透气性影响不大。影响钻孔瓦斯抽采效果的主要因素是钻孔孔径及周围煤体的透气性,而钻孔孔径较小,钻孔坍塌造成周围煤层透气性的变化量及变化范围都较小。因此,钻孔不同程度坍塌时,只要坍塌段孔内瓦斯能流动,可以抽采煤层瓦斯,其对瓦斯抽采效果的影响均不大。而堵孔后,由于堵孔段无法抽采瓦斯,钻孔有效抽采长度变短,这就会造成堵孔段周围煤层瓦斯抽采效果较差。因此,总的来说本书研究结果与现场瓦斯抽采实践经验是基本一致的。

此外,前文得到了钻孔发生不同程度、不同位置塌孔、堵孔时负压分布及变化规律和流量分布及变化规律,基于此研究结果,可通过现场监测松软煤层抽采钻孔负压分布及变化情况和瓦斯抽采纯量衰减情况来判定松软煤层钻孔内是否发生了严重塌孔或堵孔、塌孔或堵孔的位置及塌孔或堵孔的长度。

8　松软煤层抽采钻孔失稳坍塌区域判定及防护技术应用

8.1　松软煤层抽采钻孔失稳坍塌区域判定方法

钻孔发生严重坍塌堵塞时,失稳段瓦斯无法在钻孔内顺利流动、煤层瓦斯无法被有效抽出,煤层会出现瓦斯抽采空白带,严重影响矿井安全生产。要想消除空白带,首先需要找出钻孔失稳坍塌区域,搞清其失稳坍塌情况,然后才能根据钻孔失稳坍塌情况选用合适的防护技术。因此,研究钻孔失稳坍塌区域现场判定方法很必要。

8.1.1　钻孔联网抽采前失稳坍塌区域判定方法

在松软煤层中施工钻孔时,由于煤体破碎、强度低,在钻杆的扰动下钻孔容易发生坍塌进而出现"钻穴"现象,这会造成钻孔排出的钻屑量突然变大,情况严重时甚至会出现钻杆抱死、顶钻、夹钻等现象。因此,在钻孔施工过程中可以通过监测单位长度钻孔排出钻屑量及是否出现顶钻、夹钻等现象大致判断钻孔失稳位置。

钻孔成孔后,还可以采用人工探测法及钻孔窥视仪探测法探测钻孔坍塌情况。采用人工探测法时,将探杆伸入钻孔内探测钻孔塌孔情况,据此判定不同深度处的钻孔变形情况;但是钻孔变形量较大或者发生坍塌时,探杆就难以探测其他区域变形情况,只能大致判断钻孔失稳坍塌部位。钻孔窥视仪由硬件系统和软件系统组成。如图8-1所示,硬件系统主要由探头、数据线及主机组成,其配合软件系统可以实现钻孔全孔壁成像、孔内录像、关键部位图片抓拍、钻孔实际深度测量、煤岩体地质组成分析及裂隙发育情况观测等功能。但是,该仪器需要借助钻杆等工具将探头及数据线放入钻孔内部才能实现孔内情况探测等功能,钻孔孔位飘逸及孔径收缩等问题使得其探测范围受到限制,另外钻孔的失稳坍塌也容易将探头砸坏或者导致探头无法取出。因此,该仪器在稳定性相对较好的岩层钻孔内监测描述岩层分布等应用效果较好,在松软煤层钻孔内使用效果不佳,但其可以大致判断钻孔失稳坍塌部位。

8.1.2　钻孔联网抽采后失稳坍塌区域判定方法

钻孔联网抽采以后,可以通过监测孔内负压分布及变化规律和瓦斯抽采纯量衰减情况来判定松软煤层钻孔内是否发生了严重塌孔或堵孔、塌孔或堵孔的位置及塌孔或堵孔的长度。

钻孔内负压分布及变化规律监测可以通过在钻孔内分别下放若干根不同长度的紫铜管(孔径为6 mm、壁厚为0.5 mm)监测孔内不同深度的负压情况来实现,紫铜管如图8-2所

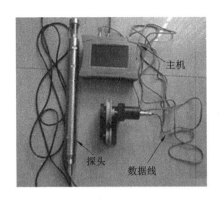

图 8-1　钻孔窥视仪

图 8-2　紫铜管

示。首先将紫铜管截成需要的长度,并将其底部用细纱布捆好以防止被煤粒堵塞,并根据实际长度做好标记;然后将其盘好以方便井下运输。钻孔施工完后,采用全孔段下筛管护孔技术将事先捆绑好的若干根紫铜管由钻杆内下放至钻孔的不同深度,具体步骤如图 8-3 所示[145]。紫铜管口用胶皮管连接并扎实,测定压力时再打开。钻孔封口后,在孔口抽采管上安设三通及流量计,监测钻孔瓦斯抽采纯量及浓度。抽采压力可以使用 U 形汞柱计及瓦斯压力表测定,其中堵孔时可以用压力表测定堵孔段压力,其他情况可以用 U 形汞柱计测定。

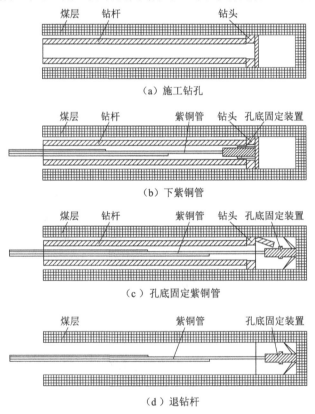

（a）施工钻孔

（b）下紫铜管

（c）孔底固定紫铜管

（d）退钻杆

图 8-3　全孔段下筛管护孔技术孔内下测压管步骤

通过监测孔内抽采压力的分布情况及钻孔瓦斯抽采纯量和浓度情况,结合前文研究得到的钻孔不同变形失稳情况下负压分布规律及流量变化规律,可以判定钻孔的失稳情况及失稳区域。可以先通过钻孔瓦斯抽采纯量衰减情况进行初步判断,然后根据负压分布情况再次核实钻孔变形失稳情况。若钻孔瓦斯抽采纯量稳定衰减且衰减量较小,且孔内负压符合完整孔负压分布规律,则可以判定钻孔没有发生失稳;当瓦斯抽采纯量突然下降为失稳前31%左右时,且出现负压骤降段,可以判定钻孔发生了严重塌孔,并可根据负压骤降段的部位及长度判定钻孔发生严重塌孔的部位及长度;当瓦斯抽采纯量突然下降为失稳前18%左右时,且出现负压值变为正值情况,可以判定钻孔发生了堵孔,堵孔段部位及长度可根据负压值变为正值的区域判定。

煤矿现场松软煤层煤质松软程度等情况都有所不同,判定发生钻孔严重坍塌堵塞的流量衰减程度的值(31%、18%)亦会有所不同,可以综合使用负压分布、流量衰减情况及不同深度煤层残余瓦斯含量测定等方法,来综合判定钻孔的失稳坍塌情况,进而确定是否需要采取补打钻孔、修复钻孔或者筛管护孔技术等手段来保证钻孔瓦斯抽采效果。

8.2 松软煤层抽采钻孔变形失稳防护技术选择

由前述研究可以看出,钻孔发生严重坍塌、堵塞时,钻孔有效抽采空间减小甚至消失,瓦斯抽采效果很差,煤层内会出现抽采空白带。因此,要想保证松软煤层抽采钻孔的抽采效果,必须保证钻孔有效抽采断面及有效抽采长度,确保瓦斯可以顺利通过抽采钻孔被抽出。目前,松软煤层抽采钻孔变形失稳防护技术就是基于保证钻孔有效抽采断面和有效抽采长度被提出的。

8.2.1 松软煤层抽采钻孔变形失稳护孔技术

如图 8-4 所示,筛管护孔技术就是在钻孔内通过人工或者机械手段下入筛管,以保证在钻孔失稳坍塌后仍保持有效抽采空间的一项技术。根据钻孔内下筛管的长度,可将筛管护孔技术分为普通下筛管护孔技术和全孔段下筛管护孔技术。采用普通下筛管护孔技术时,一般在成孔后退出孔内钻具,然后通过人力将护孔筛管送至孔内,由于松软煤层易塌孔,此方法很难将筛管送入全孔段。采用全孔段下筛管护孔技术时,在钻孔成孔后先不退出孔内钻具,将护孔筛管通过钻具内通孔输送到孔底,然后再退出钻具,最后筛管留置在钻孔内作为瓦斯抽采通道。

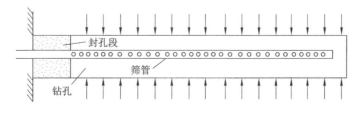

图 8-4 筛管护孔技术

采用全孔段下筛管护孔技术时,为了满足从钻杆内安设筛管的要求,一般使用铰接型内芯可开闭钻头,如图 8-5 所示。该钻头底部装有可开启式活动翼片,能满足钻进的要求,且在钻进到位后,内芯与钻头体在施加一定轴向冲击力后能很方便地打开。筛管一般选用轻便、便于运输、阻燃效果较好的 PVC 管,筛管孔眼直径 8 mm、间距 20 cm,展开后呈梅花形,单根筛管孔眼在 20 个以上。筛管有整体式、插接式和丝扣式三种。插接式筛管如图 8-6 所示,它便于井下施工。为了防止在起钻的过程中筛管被钻杆带出,需要使用孔底悬挂装置,如图 8-7 所示。该装置安设在筛管最前端,当它顶开钻头活动翼片进入钻孔后,其压缩可活动翼片在强力弹簧作用下张开并楔入煤壁,以保证整个筛管能够固定在钻孔内。一般使用大通径宽叶片小螺旋肋骨钻杆,如图 8-8 所示。该钻杆机械强度高,使用寿命长,排渣效率高,可有效减少卡钻、埋钻等事故的发生;且能够减少钻杆对钻孔孔壁的摩擦扰动,维护钻孔孔壁的稳定性,提高在松软突出煤层中钻孔的成孔率及钻进效率。

图 8-5　铰接型内芯可开闭钻头　　　　　图 8-6　插接式筛管

图 8-7　孔底悬挂装置　　　　　图 8-8　大通径宽叶片小螺旋肋骨钻杆

当钻孔局部段发生坍塌时,可以选用筛管护孔技术,下入的筛管可以有效避免局部坍塌段断面被塌落煤体堵塞,保证孔内瓦斯流动通道畅通。当钻孔发生严重坍塌,且坍塌段长度占孔长比例较大时,会影响筛管护孔技术使用效果。这是因为筛管开孔个数本来就有限,开孔比(筛孔面积与筛管面积之比)较小,较长的塌孔段煤体会堵塞大部分筛孔,造成筛管抽采流量降低。目前,筛管护孔技术在淮南等矿区得到了成功运用,有效保证了钻孔孔壁的稳定性,提高了钻孔瓦斯抽采效果。

8.2.2　松软煤层抽采钻孔变形失稳修复技术

松软煤层抽采钻孔变形失稳修复技术是通过高压水射流清洗疏通钻孔内坍塌堵塞煤体进而达到抽采钻孔修复目的的技术。该技术不仅可以实现钻孔修复,还可以起到煤层增透的效果。该技术的实施需要配合瓦斯抽采钻孔水力作业机,作业机主机如图 8-9 所示。瓦斯抽采钻孔水力作业机主要由液压立柱框架、输管器、滚筒、液压泵站、操纵台、清水泵站、监视系统、远程控制系统等部分组成,如图8-10所示。

图8-9　瓦斯抽采钻孔水力作业机主机[149]

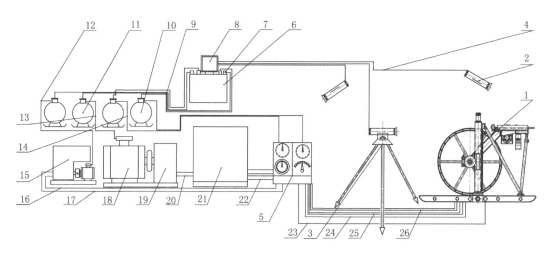

1—主机;2—摄像头;3—摄像头支架;4—双抗视频线;5—操作执行台;

6—远程控制台;7—双联防爆按钮;8—矿用隔爆型监视器;9—控制电缆;10,11—启动器;12,13,14—电缆;

15—液压站;16,17,24—高压油管;18—防爆电动机;19—清水泵;20,22,23—高压水管;21—水箱;25,26—给油管。

图8-10　瓦斯抽采钻孔水力作业机结构示意图[149]

瓦斯抽采孔水力作业机工作原理为[149]:将一条柔性钢管有序地缠绕在滚筒上,利用机械机构将钢管的圆周运动与直线运动互相转换,实现向外连续送管和向里收管。将喷头连接在钢管头部,将高压水通过钢管传送至头部喷头上,形成高压水射流,对煤矿井下瓦斯抽采钻孔实现孔道清洗疏通或水力强化作业,进而到达钻孔修复及增透的作用。

瓦斯抽采钻孔水力修复增透的流程为:

(1)钻孔塌堵情况判断。对已有抽采钻孔瓦斯抽采纯量和浓度进行测定统计,在考虑区域瓦斯地质条件及抽采钻孔瓦斯抽采纯量衰减基础上,将单孔抽采纯量降至最初成孔后抽采纯量的1/5(不同矿井可结合实际条件确定指标)作为钻孔塌堵的指标;有条件时可通过钻孔窥视探测进一步核实判断钻孔是否塌堵。

（2）钻孔水力喷射清洗修复。使用瓦斯抽采钻孔水力作业机进行全孔段水力喷射清洗修复，包括：① 钻孔解堵。将塌堵煤岩渣排出孔外，保障孔内畅通。② 割缝与刻槽。采用特殊喷头进行割缝与刻槽，扩大钻孔直径，实现出煤卸压增透。

（3）钻孔修复效果评价。修复完成后可对其进行评价，如单孔瓦斯抽采纯量提高 1 倍以上或窥视顺畅则认为修复成功，进入联抽阶段。

（4）重复（1）—（3），直至抽采达标。

该项技术在焦煤集团新河煤矿、郑煤集团大平煤矿等地得到了成功应用，有效提高了瓦斯抽采效率。

8.2.3 松软煤层抽采钻孔变形失稳防护技术的选择

现场情况复杂多样，煤层松软程度、地质构造等情况不尽相同，松软煤层抽采钻孔失稳坍塌情况也不同，松软煤层抽采钻孔变形失稳防护技术选择应因地制宜。

如图 8-11 所示，首先利用钻孔负压分布及瓦斯抽采纯量衰减程度等指标对抽采钻孔失稳坍塌情况及坍塌程度进行判定和分析，然后针对发生严重塌堵钻孔的具体情况采取不同的钻孔防护技术措施。当钻孔失稳坍塌情况不普遍，只是个别钻孔发生严重坍塌堵塞时，可以在失稳钻孔附近补打抽采钻孔来避免其失稳对瓦斯抽采的影响；当钻孔失稳坍塌情况较普遍，但钻孔只是局部段发生严重失稳坍塌时，可以选用筛管护孔技术；当钻孔失稳比较严重，且钻孔失稳坍塌段长度占孔长比例较大时，可以选用全孔段下筛管护孔技术与钻孔水力修复技术进行综合防护，抽采初期使用全孔段下筛管护孔技术进行抽采，然后监测钻孔瓦斯抽采纯量和浓度，当钻孔瓦斯抽采纯量降低为初始抽采纯量1/5（不同矿井可结合实际条件确定指标）时，使用钻孔水力修复技术对钻孔坍堵段进行水力疏通修复，再进行封孔联网抽采。

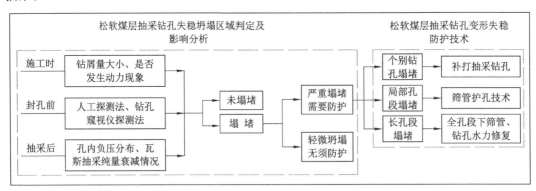

图 8-11　松软煤层抽采钻孔变形失稳防护技术选择

8.3　松软煤层抽采钻孔变形失稳防护技术应用

8.3.1 试验矿井及试验地点概况

8.3.1.1 试验矿井概况

河南平宝煤业有限公司首山一矿位于平顶山市东北，平顶山矿区李口向斜北翼东段，距平顶山市约 25 km,行政区划隶属许昌市襄城县。矿区交通方便,有铁路、公路与省内外沟通。

井田东西走向长 5.6 km,南北倾斜宽 3.6~4 km,面积约 27 km²。矿井主采二叠系下石盒子组戊9-10和山西组己14-17煤层,均为有突出危险煤层,厚度稳定,结构简单。矿井水文地质条件为中等类型,正常涌水量 404.34 m³/h,最大涌水量 485.41 m³/h。主采煤层均有煤尘爆炸危险,属自燃煤层,地温为二级高温区,煤层顶底板主要为泥岩及砂质泥岩。

矿井采用立井开拓,工业广场布置主、副井筒,中央进风井、中央回风井距工业广场1 600 m。通风方式为中央分列式,通风方法为抽出式,通风系统为三进一回,主井、副井、中央进风井进风,中央回风井回风。

工作面采用大采长、一面多巷布置方式。采煤工作面长度 260 m,布置机巷、风巷和中煤巷 3 条煤巷及对应的机抽巷、风抽巷和中抽巷 3 条底板低位抽采巷,另外在煤层顶板布置1 条高抽巷。其中,低抽巷施工穿层钻孔抽采消突掩护煤巷掘进,煤巷施工本煤层钻孔抽采保证工作面消突,高抽巷通过回采裂隙抽采采空区及上隅角瓦斯保证工作面安全高效生产。

己组煤为Ⅲ—Ⅳ类强烈破坏煤或粉碎煤,在己组煤施工顺层钻孔过程中,在距巷帮 0~20 m 区域施工时钻孔排出钻屑量较大,孔底附近施工进尺缓慢,并伴随有顶钻、夹钻、拔钻难等现象;钻孔联网抽采后瓦斯抽采浓度衰减严重,抽采一个月左右时瓦斯抽采浓度就降低至 10% 以下,瓦斯抽采效果较差。由以上现象可判定钻孔局部发生严重塌堵,为解决此问题,经课题组与矿方协商决定采用筛管护孔技术,并对普通下筛管护孔技术和全孔段下筛管护孔技术分别进行了现场应用。现场试验地点选择在己15-12090 工作面中煤巷。

8.3.1.2 试验地点概况

己15-12090 工作面位于己二采区东翼,可采走向长 1 536 m,面长 240 m,煤层倾角 3°~12°,平均 8°。该工作面主采己15煤层,己15煤层结构单一,厚度较为稳定,平均厚度 2.2 m;呈黑色、粉末状,较为松软、破碎,坚固性系数 f 为 0.11~0.5,为Ⅲ—Ⅳ类强烈破坏煤或粉碎煤,具条带状结构,以亮煤为主,宏观煤岩类型为半亮煤,玻璃光泽,西部上半部分煤层为分层状态。己15-12090 工作面中煤巷设计长度 1 562 m,巷道断面形状为梯形,尺寸(中宽×高)为 3.6 m×2.0 m。己15-12090 工作面中煤巷下帮与其下方己15-12090 工作面中抽巷上帮间距 1 m,距己15-12090 工作面中抽巷顶板不小于 10 m。己15-12090 工作面中煤巷采用局部通风,风量为 520 m³/min。己15-12090 工作面中煤巷揭煤地点原始瓦斯压力为1.3 MPa,原始瓦斯含量为 11.2 m³/t。

8.3.2 试验钻孔施工情况

在己15-12090 工作面中煤巷自停采线外 20 m 至距开切眼 15 m 范围内,在上帮垂直煤壁向工作面施工 50 个顺层试验钻孔,钻孔平行于煤层顶板,间距 2.4 m,孔深 110 m,25 个试验钻孔下 110 m 筛管(实管 30 m、筛管 80 m),另外 25 个试验钻孔下 50 m 筛管(实管20 m、筛管 30 m)。本次试验选用整体式筛管,如图 8-12 所示,管径 32 mm,筛眼直径8 mm,筛眼间距 20 cm。试验钻孔采用 CMS1-6200/80 型钻车施工,该钻车电机功率90 kW,最大钻进深度 600 m,额定输出转矩 2 700~6 200 N·m。为了提高钻孔成孔率,使用外径为 89 mm、内径不低于 38 mm 的大通径宽叶片小螺旋肋骨钻杆;采用 ϕ108 mm 复合片专用钻头,其中间的一字形切削片可以来回翻动,重复使用,顶端两侧有两个可伸缩的

$\phi 6$ mm钢珠(可使一字形切削片在钻进中处于复位状态,也可在下护孔管至钻头处时将一字形切削片抵开,使护孔管从钻头内部穿出至孔底)。采用囊袋(封孔器)封孔,封孔长度大于8 m,两堵一注封孔注浆。

(a)　　　　　　　　　　　　　　(b)

图 8-12　现场试验采用的整体式筛管

8.3.3　试验数据测试及结果分析

钻孔施工应严格按设计参数进行,并保证钻孔平直、孔形完整、钻孔深度达到要求。在钻孔施工中,应详细记录钻孔参数以及钻孔开孔时间、终孔时间、终孔深度等。

所有试验钻孔均按要求下放筛管护孔,抽采钻孔施工完毕后应及时封孔,封孔完成后及时接入抽采系统进行抽采,并记录开始抽采的时间;钻孔抽采负压 13.5 kPa。在巷道中布置一条 $\phi 200$ mm 的抽采管,同时每组分别布置一条 4 寸支管路(1 寸$\approx$33.3 mm)。在每条管路上安装一套放水器,以及一套与之相匹配的孔板流量计。

通过安装在抽采管路上的孔板流量计对单孔瓦斯抽采流量进行测定,以便对该区域的瓦斯抽采流量进行考察,从而对抽采效果进行评价。每天测定一次瓦斯抽采流量。瓦斯浓度可以采用高负压瓦斯采样器进行检测。现场测定的 50 个试验钻孔的瓦斯抽采浓度及流量的平均值如图 8-13 和图 8-14 所示。

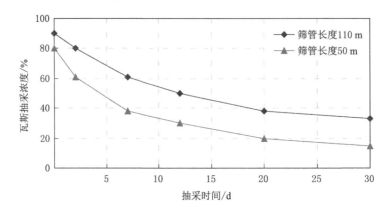

图 8-13　钻孔瓦斯抽采浓度测试结果

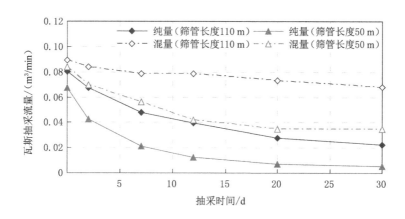

图 8-14　钻孔瓦斯抽采混量及纯量测试结果

由图 8-13 和图 8-14 可以看出：

（1）试验钻孔瓦斯抽采浓度均衰减较快，全程下筛管钻孔瓦斯抽采浓度普遍高于普通筛管钻孔瓦斯抽采浓度。抽采初期两者瓦斯抽采浓度较接近，全程下筛管钻孔和普通筛管钻孔平均瓦斯抽采浓度分别为 91％ 和 80％；随着抽采时间的延长，两者瓦斯抽采浓度差距逐渐变大，抽采 2 d、7 d、30 d 后，全程下筛管钻孔平均瓦斯抽采浓度分别为 80％、61％ 和 33％，普通筛管钻孔平均瓦斯抽采浓度分别为 61％、38％ 和 15％；全程下筛管钻孔和普通筛管钻孔 30 d 平均瓦斯抽采浓度分别为 58.67％ 和 40.67％。

（2）全程下筛管钻孔抽采效果明显好于普通筛管钻孔抽采效果。全程下筛管钻孔瓦斯抽采流量明显比普通筛管钻孔瓦斯抽采流量大；随着抽采时间的延长，两者瓦斯抽采流量差距逐渐变大；且全程下筛管钻孔瓦斯抽采流量衰减相对较慢，而普通筛管钻孔瓦斯抽采流量衰减剧烈。

（3）通过考察结果对比容易看出，松软煤层抽采钻孔全程下筛管防护技术可以有效避免钻孔局部堵塞、保证钻孔抽采空间和抽采长度，这对提高瓦斯抽采效果、消除煤层抽采空白带有着重要的实际意义。

参 考 文 献

[1] 国家能源局.《新时代的中国能源发展》白皮书驻华使节线上见面会在北京召开[EB/OL]. (2021-02-05)[2022-03-15]. https://baijiahao. baidu. com/s? id=1690859026045747938& wfr=spider&for=pc.

[2] 刘业娇,袁亮,薛俊华,等. 2007—2016 年全国煤矿瓦斯灾害事故发生规律分析[J]. 矿业安全与环保,2018,45(3):124-128.

[3] 张俊文,杨虹霞. 2005—2019 年我国煤矿重大及以上事故统计分析及安全生产对策研究[J]. 煤矿安全,2021,52(12):261-264.

[4] 张培森,牛辉,朱慧聪,等. 2019—2020 年我国煤矿安全生产形势分析[J]. 煤矿安全, 2021, 52(11): 245-249.

[5] 叶建平,史保生,张春才. 中国煤储层渗透性及其主要影响因素[J]. 煤炭学报,1999, 24(2):118-122.

[6] HARGRAVES A J. Instantaneous outburst of coal and gas:a review[J]. Proc australas inst min metall,1983,285(3):1-37.

[7] 中华人民共和国国务院. 国家中长期科学和技术发展规划纲要(2006—2020)[EB/OL]. (2006-02-01)[2022-03-15]. http://www. gov. cn/gongbao/content/2006/content_240244. htm.

[8] 中华人民共和国国家能源局. 煤层气(煤矿瓦斯)开发利用"十一五"规划[EB/OL]. (2007-11-10)[2022-03-15]. http://www. nea. gov. cn/2006-06/28/c_131215308. htm.

[9] 河南省科学技术厅. 河南省中长期科学和技术发展规划纲要(2006—2020)[EB/OL]. (2006-02-01)[2022-03-15]. https://kjt. henan. gov. cn/2014/11-10/1536130. html.

[10] 孙继平. 煤矿防治瓦斯事故培训教材:煤矿瓦斯治理十二字方针解析[M]. 北京:煤炭工业出版社,2005:2,15.

[11] 王君. 通风可靠、抽采达标、监控有效、管理到位,把煤矿瓦斯治理攻坚战扎实有效地推向深入:王君在全国煤矿瓦斯治理现场会上的讲话[J]. 中国煤层气,2008,5(3):3-7.

[12] 马丕梁,范启炜. 我国煤矿抽放瓦斯现状及展望[J]. 中国煤炭,2004(2):5-7.

[13] 孙玉宁,王永龙,翟新献,等. 松软突出煤层钻进困难的原因分析[J]. 煤炭学报,2012, 37(1):117-121.

[14] 刘春. 松软煤层瓦斯抽采钻孔塌孔失效特性及控制技术基础[D]. 徐州:中国矿业大学,2014.

[15] 李晋生,张跃兵. VLD 深孔定向千米钻机在大宁矿井的实施工艺及应用[J]. 矿业安全与环保,2009,36(增刊):102-104.

[16] 马向攀. 低温取芯过程煤芯瓦斯解吸特性研究[D]. 焦作:河南理工大学,2017.

[17] 祁晨君.冷冻取芯过程煤芯变温规律模拟测试研究[D].焦作:河南理工大学,2016.

[18] 张宏图.煤层瓦斯含量测定负压排渣定点取样理论与应用研究[D].焦作:河南理工大学,2016.

[19] 刘军.预抽钻孔负压沿孔长变化特性及对瓦斯抽采效果影响研究[D].焦作:河南理工大学,2014.

[20] 张天军.富含瓦斯煤岩体采掘失稳非线性力学机理研究[D].西安:西安科技大学,2009.

[21] 孔祥言.高等渗流力学[M].合肥:中国科学技术大学出版社,1999:31-32.

[22] 周世宁,林柏泉.煤层瓦斯赋存与流动理论[M].北京:煤炭工业出版社,1999:53-54.

[23] 周世宁,孙辑正.煤层瓦斯流动理论及其应用[J].煤炭学报,1965(1):24-37.

[24] 郭勇义,周世宁.煤层瓦斯一维流场流动规律的完全解[J].中国矿业学院学报,1984(2):19-28.

[25] 谭学术,袁静.矿井煤层真实瓦斯渗流方程的研究[J].重庆建筑工程学院学报,1986(1):106-112.

[26] 余楚新,鲜学福,谭学术.煤层瓦斯流动理论及渗流控制方程的研究[J].重庆大学学报(自然科学版),1989,12(5):1-10.

[27] 孙培德.瓦斯动力学模型的研究[J].煤田地质与勘探,1993,21(1):33-39.

[28] 孙培德,鲜学福,张代均.Dynamics of gas seepage and its applications[J].煤炭学报:英文版,1996,2(1):67-71.

[29] 孙培德.煤层瓦斯流动方程补正[J].煤田地质与勘探,1993,21(5):34-35.

[30] 李英俊,赵均.煤层瓦斯压力分布的研究[J].煤矿安全,1980(5):6-11.

[31] 魏晓林.煤层瓦斯流动规律的实验和数值方法的研究[J].粤煤科技,1981(2):35-41.

[32] 余楚新,鲜学福.煤层瓦斯渗流有限元分析中的几个问题[J].重庆大学学报(自然科学版),1994,17(4):58-63.

[33] 李云浩,杨清岭,杨鹏.煤层瓦斯流动的数值模拟及在煤壁的应用[J].中国安全生产科学技术,2007,3(2):74-77.

[34] 孙培德.煤层瓦斯流场流动规律的研究[J].煤炭学报,1987,12(4):74-82.

[35] 刘明举.幂定律基础上的煤层瓦斯流动模型[J].焦作矿业学院学报,1994(1):36-42.

[36] 罗新荣.煤层瓦斯运移物理模拟与理论分析[J].中国矿业大学学报,1991,20(3):36-42.

[37] 肖晓春,潘一山.考虑滑脱效应的煤层气渗流数学模型及数值模拟[J].岩石力学与工程学报,2005,24(16):2966-2970.

[38] DROZIN V. Diffusion in solids,liquids,gases:by W Jost[M]. New York:Academic Press,Inc. ,1952.

[39] GARSLAW H S,JAEGER J C. Conduction of heat in solids[M]. Oxford:Clarendon Press,1947.

[40] SHEWMON P. Diffusion in solids[M]. London:McGraw-Hill Book Company,Inc. ,1963.

[41] SEVENSTER P G. Diffusion of gases through coal[J],Fuel,1959,38(5):16-19.

［42］杨其銮,王佑安.煤屑瓦斯扩散理论及其应用[J].煤炭学报,1986,11(3):87-94.

［43］聂百胜,王恩元,郭勇义,等.煤粒瓦斯扩散的数学物理模型[J].辽宁工程技术大学学报(自然科学版),1999,18(6):582-585.

［44］吴世跃,郭勇义.煤粒瓦斯扩散规律与突出预测指标的研究[J].太原理工大学学报,1998,29(2):138-141.

［45］张志刚.煤粒中瓦斯时变扩散规律的解析研究[J].煤矿开采,2012,17(2):8-11.

［46］周世宁.瓦斯在煤层中流动的机理[J].煤炭学报,1990,15(1):15-24.

［47］SAGHFI A,WILLAMS R J.煤层瓦斯流动的计算机模拟及其在预测瓦斯涌出和抽放瓦斯的应用[C]//第22届国际采矿安全会议论文集.北京:煤炭工业出版社,1987:22-23.

［48］段三明,聂百胜.煤层瓦斯扩散-渗流规律的初步研究[J].太原理工大学学报,1998,29(4):413-416.

［49］GAWUGA J K. Flow of gas through stressed carboniferous strata[D]. Nottingham: University of Nottingham,1979.

［50］KHODOT V V. Role of methane in the stress state of a coal seam[J]. Soviet mining,1980,16(5):460-466.

［51］HARPALANI S. Gas flow through stressed coal(fluid flow, porous medic)[D]. Berkeley:University of California,Berkeley,1985.

［52］PATERSON L. Model for outbursts in coal[J]. International journal of rock mechanics and mining sciences and geomechanics abstracts,1986,23(4):327-332.

［53］LITWINISZYN J. Model for the initiation of coal-gas outbursts[J]. International journal of rock mechanics and mining sciences and geomechanics abstracts,1985,22(1):39-46.

［54］VALLIAPPAN S,ZHANG W H. Numerical modelling of methane gas migration in dry coal seams[J]. International journal for numerical and analytical methods in geomechanics,1996,20(8):571-593.

［55］ZHAO C B,VALLIAPPAN S. Finite element modelling of methane gas migration in coal seams[J]. Computers and structures,1995,55(4):625-629.

［56］SOMERTON W H,SÖYLEMEZOḠLU I M,DUDLEY R C. Effect of stress on permeability of coal[J]. International journal of rock mechanics and mining sciences and geomechanics abstracts,1975,12(5-6):129-145.

［57］赵阳升.矿山岩石流体力学[M].北京:煤炭工业出版社,1994.

［58］周世宁,何学秋.煤和瓦斯突出机理的流变假说[J].中国矿业大学学报,1990,19(2):1-8.

［59］赵阳升.煤体—瓦斯耦合数学模型及数值解法[J].岩石力学与工程学报,1994,13(3):229-239.

［60］梁冰,章梦涛,梁栋.可压缩瓦斯气体在煤层中渗流规律的数值模拟[C]//中国北方岩石力学与工程应用学术会议论文集.北京:科学出版社,1991.

［61］赵国景,步道远.煤与瓦斯突出的固—流两相介质力学理论及数值分析[J].工程力学,

1995,12(2):1-7.

[62] 李树刚.综放开采围岩活动影响下瓦斯运移规律及其控制[J].岩石力学与工程学报, 2000,19(6):809-810.

[63] 王宏图,杜云贵,鲜学福,等.地球物理场中的煤层瓦斯渗流方程[J].岩石力学与工程 学报,2002,21(5):644-646.

[64] 王宏图,杜云贵,鲜学福,等.受地应力、地温和地电效应影响的煤层瓦斯渗流方程[J]. 重庆大学学报(自然科学版),2000,23(增刊):47-49.

[65] 曹树刚.煤岩的蠕变损伤、瓦斯渗流和煤与瓦斯突出关系的研究[D].重庆:重庆大 学,2000.

[66] 梁冰,刘建军,范厚彬,等.非等温条件下煤层中瓦斯流动的数学模型及数值解法[J]. 岩石力学与工程学报,2000,19(1):1-5.

[67] 李祥春.煤层瓦斯渗流过程中流固耦合问题研究[D].太原:太原理工大学,2005.

[68] 唐巨鹏,潘一山,李成全,等.固流耦合作用下煤层气解吸-渗流实验研究[J].中国矿业 大学学报,2006,35(2):274-278.

[69] 黄启翔,尹光志,姜永东,等.型煤试件在应力场中的瓦斯渗流特性分析[J].重庆大学 学报,2008,31(12):1436-1440.

[70] 尹光志,王登科,张东明,等.含瓦斯煤岩固气耦合动态模型与数值模拟研究[J].岩土 工程学报,2008,30(10):1430-1436.

[71] 尹光志,李铭辉,李生舟,等.基于含瓦斯煤岩固气耦合模型的钻孔抽采瓦斯三维数值 模拟[J].煤炭学报,2013,38(4):535-541.

[72] 杨天鸿,徐涛,刘建新,等.应力-损伤-渗流耦合模型及在深部煤层瓦斯卸压实践中的应 用[J].岩石力学与工程学报,2005,24(16):2900-2905.

[73] 郭平,曹树刚,张遵国,等.含瓦斯煤体固气耦合数学模型及数值模拟[J].煤炭学报, 2012,37(增刊2):330-335.

[74] 李志强,鲜学福,姜永东,等.地球物理场中煤层气渗流控制方程及其数值解[J].岩石 力学与工程学报,2009,28(增1):3226-3233.

[75] TEZUKA K, NIITSUMA H. Stress estimated using microseismic clusters and its relationship to the fracture system of the Hijiori hot dry rock reservoir [J] Developments in geotechnical engineering,2000,84:55-70.

[76] CORNET F H, BÉRARD T, BOUROUIS S. How close to failure is a granite rock mass at a 5 km depth? [J]. International journal of rock mechanics and mining sciences,2007,44(1):47-66.

[77] HAIMSON B C, CHANG C. True triaxial strength of the KTB amphibolite under borehole wall conditions and its use to estimate the maximum horizontal in situ stress [J]. Journal of geophysical research:solid earth,2002,107(B10):1-14.

[78] 卢平,沈兆武,朱贵旺,等.含瓦斯煤的有效应力与力学变形破坏特性[J].中国科学技 术大学学报,2001,31(6):686-693.

[79] 王振,梁运培,金洪伟.防突钻孔失稳的力学条件分析[J].采矿与安全工程学报,2008, 25(4):444-448.

［80］孙泽宏,姚向荣,涂敏,等.深部软岩层钻孔变形失稳数值模拟及成孔方法研究［J］.中州煤炭,2011(7):13-16.

［81］赵阳升,邵保平,万志军,等.高温高压下花岗岩中钻孔变形失稳临界条件研究［J］.岩石力学与工程学报,2009,28(5):865-874.

［82］梁冰,章梦涛,潘一山,等.煤和瓦斯突出的固流耦合失稳理论［J］.煤炭学报,1995,20(5):492-496.

［83］周晓军,马心校.煤体钻孔周围应力应变分布规律的试验研究［J］.煤炭工程师,1995(2):16-20.

［84］翟成,李全贵,孙臣,等.松软煤层水力压裂钻孔失稳分析及固化成孔方法［J］.煤炭学报,2012,37(9):1431-1436.

［85］孙臣,翟成,林柏泉,等.钻孔应力分布特征及卸压增透技术的数值模拟［J］.中国煤炭,2012,38(8):95-100.

［86］黄旭超,程建圣,何清.高瓦斯突出煤层穿层钻孔喷孔发生机理探讨［J］.煤矿安全,2011,42(6):122-124.

［87］丁继辉,麻玉鹏,赵国景,等.煤与瓦斯突出的固—流耦合失稳理论及数值分析［J］.工程力学,1999,16(4):47-53.

［88］赵阳升,胡耀青,赵宝虎,等.块裂介质岩体变形与气体渗流的耦合数学模型及其应用［J］.煤炭学报,2003,28(1):41-45.

［89］易丽军,俞启香.密集钻孔周围塑性区随煤体强度变化的数值模拟［J］.矿业安全与环保,2008,35(1):1-3.

［90］何学秋,王恩元,林海燕.孔隙气体对煤体变形及蚀损作用机理［J］.中国矿业大学学报,1996,25(1):6-11.

［91］王泳嘉,王来贵.岩体浸水后的流变失稳理论及应用［J］.中国矿业,1994,3(1):36-40.

［92］周晓军,鲜学福.煤岩体变形失稳破坏条件的研究［J］.西部探矿工程,1998,10(4):44-46.

［93］马德新,方英.井壁岩石流动和软化特性的力学分析［J］.钻采工艺,2000,23(1):17-20.

［94］姚向荣,程功林,石必明.深部围岩遇弱结构瓦斯抽采钻孔失稳分析与成孔方法［J］.煤炭学报,2010,35(12):2073-2081.

［95］郝富昌,支光辉,孙丽娟.考虑流变特性的抽放钻孔应力分布和移动变形规律研究［J］.采矿与安全工程学报,2013,30(3):449-455.

［96］辛新平.焦作矿区本煤层瓦斯抽放参数优化［J］.煤矿安全,1998(9):7-10.

［97］李伟,陈家祥.芦岭矿瓦斯抽放参数分析［J］.中国煤炭,2000(8):22-25.

［98］姬忠超.钻孔瓦斯抽放半径的数值模拟研究［D］.焦作:河南理工大学,2012.

［99］李书文.新安矿顺层抽采钻孔不同深度处负压分布情况研究［J］.煤炭工程,2013,45(5):103-104.

［100］胡鹏.煤层瓦斯抽放钻孔单向流动负压规律研究［D］.焦作:河南理工大学,2009.

［101］李杰.预抽瓦斯钻孔抽采效果沿孔长变化规律研究［D］.焦作:河南理工大学,2012.

［102］DIKKEN B J. Pressure drop in horizontal wells and its effect on production performance[J]. Journal of petroleum technology,1990,42(11):1426-1433.

[103] GUO B, ZHOU J K, GHALAMBOR A. Effects of friction in drain hole on productivity of horizontal and multilateral wells[C]//Asia Pacific Oil and Gas Conference and Exhibition,2007.

[104] HILL A D, ZHU D. The relative importance of wellbore pressure drop and formation damage in horizontal wells[J]. SPE production and operations,2008, 23(2):232-240.

[105] JANSEN J D. A semianalytical model for calculating pressure drop along horizontal wells with stinger completions[J]. SPE Journal,2003,8(2):138-146.

[106] 乐平,陈小凡,付玉,等.水平井井筒变质量流动压降计算新模型[J].石油学报,2014,35(1):93-98.

[107] 吴宁,宿淑春,陈超,等.水平井筒变质量环空流压降分析模型[J].西安石油学院学报(自然科学版),2001,16(6):16-18.

[108] 程林松,兰俊成.考虑水平井筒压力损失的数值模拟方法[J].石油学报,2002,23(1):67-71.

[109] 汪志明,赵天奉,徐立.射孔完井水平井筒变质量湍流压降规律研究[J].石油大学学报(自然科学版),2003,27(1):41-44.

[110] 刘想平,张兆顺,刘翔鹗,等.水平井筒内与渗流耦合的流动压降计算模型[J].西南石油学院学报,2000,22(2):36-39.

[111] SU Z, GUDMUNDSSON J S. Perforation inflow reduces frictional pressure loss in horizontal wellbores[J]. Journal of petroleum science and engineering,1998,19(3/4):223-232.

[112] SU Z,GUDMUNDSSON J S. Pressure drop in perforated pipes:experiments and analysis[C]//SPE Asia Pacific Oil and Gas Conference,1994.

[113] SU Z,GUDMUNDSSON J S. Friction factor of perforation roughness in pipes[C]//SPE Annual Technical Conference and Exhibition,1993.

[114] 王登科.含瓦斯煤岩本构模型与失稳规律研究[D].重庆:重庆大学,2009.

[115] 王书文,毛德兵,任勇.钻孔卸压技术参数优化研究[J].煤矿开采,2010,15(5):14-17.

[116] 孟晓红.松软煤层瓦斯抽放钻孔塌孔机理及改进措施研究[D].太原:太原理工大学,2016.

[117] 王志明,孙玉宁,张硕,等.竖直恒载循环作用下煤层钻孔失稳演化研究[J].岩石力学与工程学报,2020,39(2):262-271.

[118] 李俊平,连民杰.矿山岩石力学[M].北京:冶金工业出版社,2011.

[119] 郭春华.井眼应力分布模拟及井壁稳定性研究:以川西须家河组气藏为例[D].成都:成都理工大学,2011.

[120] 郑有成.川东北部飞仙关组探井地层压力测井预测方法与工程应用研究[D].成都:西南石油学院,2004.

[121] 李天太,孙正义.井壁失稳判断准则及应用分析[J].西安石油学院学报(自然科学

版),2002,17(5):25-27.

[122] 周国林,谭国焕,李启光,等.剪切破坏模式下岩石的强度准则[J].岩石力学与工程学报,2001,20(6):753-762.

[123] 谢润成.川西坳陷须家河组探井地应力解释与井壁稳定性评价[D].成都:成都理工大学,2009.

[124] 宁伏龙.天然气水合物地层井壁稳定性研究[D].武汉:中国地质大学,2005.

[125] 韩颖,张飞燕.煤层钻孔失稳机理研究进展[J].中国安全生产科学技术,2014,10(4):114-119.

[126] 申凯,刘延保,巴全斌,等.煤矿瓦斯抽采钻孔修护技术研究进展[J].矿业安全与环保,2020,47(6):102-106.

[127] 王建钧.水平定向钻孔应力—应变及失稳机理研究[D].昆明:昆明理工大学,2008.

[128] 王海,乌效鸣.非开挖铺管施工中扩孔直径的优化设计与计算[J].探矿工程(岩土钻掘工程),2007,34(4):21-23.

[129] 叶高榜.高强内支撑护孔管提高瓦斯抽采钻孔稳定性技术及应用研究[D].徐州:中国矿业大学,2017.

[130] 王登科,彭明,魏建平,等.煤岩三轴蠕变-渗流-吸附解吸实验装置的研制及应用[J].煤炭学报,2016,41(3):644-652.

[131] 王登科,张平,魏建平,等.CT可视化的受载煤体三维裂隙结构动态演化试验研究[J].煤炭学报,2019,44(增刊2):574-584.

[132] 李回贵,李化敏,许国胜.神东矿区含天然弱面砂岩的力学特征研究[J].河南理工大学学报(自然科学版),2020,39(5):10-17.

[133] 张平,王登科,于充,等.基于工业CT扫描的数字煤心构建过程及裂缝形态表征[J].河南理工大学学报(自然科学版),2019,38(6):10-16.

[134] 唐书恒.煤储层渗透性影响因素探讨[J].中国煤田地质,2001(1):28-30.

[135] 唐春安,于广明,刘红元.采动岩体破裂与岩层移动数值试验[M].长春:吉林大学出版社,2003.

[136] 郭恒,林府进.基于弹塑性力学分析的煤层钻孔孔壁稳定性研究[J].矿业安全与环保,2010,37(增刊):106-109.

[137] 袁文伯,陈进.软化岩层中巷道的塑性区与破碎区分析[J].煤炭学报,1986,11(3):77-86.

[138] 胡胜勇.瓦斯抽采钻孔周边煤岩渗流特性及粉体堵漏机理[D].徐州:中国矿业大学,2014.

[139] 康红普,司林坡,苏波.煤岩体钻孔结构观测方法及应用[J].煤炭学报,2010,35(12):1949-1956.

[140] 苏波.煤岩体结构观测及对巷道围岩稳定性的影响研究[D].北京:煤炭科学研究总院,2007.

[141] 刘清泉.多重应力路径下双重孔隙煤体损伤扩容及渗透性演化机制与应用[D].徐州:中国矿业大学,2015.

[142] 李福田.现有管道阻力系数公式综述[J].河海大学科技情报,1986,3:53-62.

[143] JAIN A K. Accurate explicit equation for friction factor[J]. Journal of the hydraulics division,1976,102(5):674-677.

[144] SWAMEE P K,JAIN A K. Explicit equations for pipe-flow problems[J]. Journal of the hydraulics division,1976,102(5):657-664.

[145] 王凯.顺层瓦斯抽采钻孔孔内负压分布规律及应用研究[D].重庆:煤炭科学研究总院重庆分院,2014.

[146] 秦虎.应力场与瓦斯渗流场耦合规律及瓦斯抽采参数优化研究[D].重庆:重庆大学,2013.

[147] 王登科,彭明,付启超,等.瓦斯抽采过程中的煤层透气性动态演化规律与数值模拟[J].岩石力学与工程学报,2016,35(4):704-712.

[148] 冉启全,李士伦.流固耦合油藏数值模拟中物性参数动态模型研究[J].石油勘探与开发,2003,24(3):61-65.

[149] 苏现波,刘晓,马保安,等.瓦斯抽采钻孔修复增透技术与装备[J].煤炭科学技术,2014(6):58-60.